新自动化——从信息化到智能化

MATLAB与控制工程虚拟实验编程

李翠玲　张　浩
陆剑峰　宋　登　编著

机械工业出版社

本书系统介绍了 MATLAB R2022a 仿真软件在自动控制领域的功能亮点和 MATLAB 编程基础，由浅入深地介绍了基于 Simulink 模块编程的仿真系统搭建与分析方法。本书第 1 章介绍了 MATLAB 基础知识；第 2 章阐述了经典控制理论中的数学建模、时域分析、根轨迹分析、频域分析、系统校正与设计和非线性控制系统分析等关键理论与 MATLAB 仿真；第 3 章论述了现代控制理论中的状态空间模型、系统可控性、可观测性判定、稳定性分析、状态反馈极点配置、状态观测器设计、优化控制等基本理论和 MATLAB 求解方法；第 4 章按照自动控制原理知识体系给出了 21 个实验项目，既有 MATLAB 基础实验，又有自动控制原理 MATLAB 和 Simulink 实验；第 5 章系统介绍了小车倒立摆系统稳定性控制和最优控制与演化博弈实验案例。本书着重介绍了 MATLAB 函数命令格式和使用方法，并通过大量实例进行详细分析与说明，便于读者自学和上机实验，可满足相关专业不同层次的学习与实践要求。

本书可供自控工程技术人员学习与实践，也可作为高等院校控制理论课程的实验教材和参考用书。

图书在版编目（CIP）数据

MATLAB 与控制工程虚拟实验编程/李翠玲等编著. —北京：机械工业出版社，2023.8（2025.1 重印）
（新自动化：从信息化到智能化）
ISBN 978-7-111-73267-9

Ⅰ.①M… Ⅱ.①李… Ⅲ.①自动控制系统-系统仿真-Matlab 软件 Ⅳ.①TP273-39

中国国家版本馆 CIP 数据核字（2023）第 097394 号

机械工业出版社（北京市百万庄大街 22 号 邮政编码 100037）
策划编辑：王 欢　　责任编辑：王 欢
责任校对：牟丽英 陈 越　　封面设计：鞠 杨
责任印制：张 博
北京建宏印刷有限公司印刷
2025 年 1 月第 1 版第 3 次印刷
184mm×260mm · 11 印张 · 242 千字
标准书号：ISBN 978-7-111-73267-9
定价：55.00 元

电话服务
客服电话：010-88361066
010-88379833
010-68326294

网络服务
机 工 官 网：www. cmpbook. com
机 工 官 博：weibo. com/cmp1952
金 书 网：www. golden-book. com
机工教育服务网：www. cmpedu. com

前言

MATLAB 语言是广泛应用于工程计算及数值分析领域的新型高级语言，全球范围用户达到数千万人。随着 MATLAB 软件版本更新，不断涌现各工程领域建模、仿真和应用的新亮点。为此，本书跟踪和介绍 MATLAB R2022a 软件控制工具箱新功能，并应用于经典控制理论、现代控制理论虚拟仿真实验。

随着控制系统的复杂度日益提升，以及虚拟现实技术、物联网技术和元宇宙技术等的快速发展，工业自动控制领域的实验模式正进入高度可视化的虚拟实验阶段。如果自动化仿真实验室仍然停留在早期的数学模型的 MATLAB 数值仿真阶段，或者与 Simulink 可视化仿真并存的阶段，那么已经脱离了技术应用现状。为此，本书顺应技术发展趋势，介绍了虚拟实验的基本原理和案例，为实验技术的发展提供技术借鉴。

本书以 MATLAB R2022a 为平台，遵循理论和实际相结合的原则，以系统控制理论发展为主线，由浅入深地介绍 MATLAB 的基础知识及其在经典控制、现代控制系统中的应用；在实验设计和编程实现方面，涵盖了控制工程的主要知识单元，实验内容遵循循序渐进的原则，由简到难；全书结构清晰，内容翔实，并附有完备的 MATLAB 源程序代码，便于教学人员演示、学生课后练习和工程师二次开发。

本书由同济大学电子与信息工程学院的李翠玲、张浩、陆剑峰和蔚来汽车有限公司的技术专家宋登编著。全书共 5 章：第 1 章介绍了 MATLAB R2022a 仿真软件在工业自动控制领域的功能亮点、基础知识、编程基础、矩阵运算、灵活绘图、Simulink 图形化建模与仿真；第 2 章由浅入深地阐述了经典控制理论中的数学建模、时域分析、根轨迹分析、频域分析、系统校正与设计和非线性控制系统分析等关键理论与 MATLAB 仿真；第 3 章循序渐进地论述了现代控制理论中的状态空间模型、系统可控性、可观测性判定、稳定性分析、状态反馈极点配置、状态观测器设计、优化控制等基本理论和 MATLAB 求解方法；第 4 章面向自动化专业实验要求，详细阐述了基于 MATLAB 软件的控制工程虚拟实验设计与编程；第 5 章面向控制工程领域实际，系统介绍了小车倒立摆稳定性控制和最优控制与演化博弈实验案例。

本书可供自控工程技术人员学习与实践，并希望能为工业自动控制领域自动化专业、智能控制专业、机电工程专业、机械工程专业和智能制造等相关专业的高校学生、科研人员及企业技术骨干、生产管理技术人员，提供理论、方法和技术工具参考。

本书的出版得到了自然科学基金面上项目“信息不对称下云制造服务供需匹配机制与优化策略”（项目编号 72171173）和“公共场所交叉通道的人群汇流动力学建模与稳定性分析”（项目编号 72074170）资助。在本书的编写过程中，得到美国 MathWorks 公司、机械工业出版社等相关单位的大力支持，在此一并表示感谢。

由于作者水平有限，书中难免存在不足、瑕疵甚至片面之处，恳请广大读者不吝指教。

作　者

目录

第1章

MATLAB仿真基础简介

1.1 MATLAB R2022a 仿真软件简介

1.1.1 MATLAB 软件

MATLAB 语言是一种广泛应用于工程计算及数值分析领域的语言，自 1984 年由美国 MathWorks 公司推向市场以来，历经近 40 年的发展与竞争，已成为各国科技工作者认可的优秀的工程应用开发环境。MATLAB 功能强大、简单易学、编程效率高，深受广大科技工作者的欢迎。

MATLAB 的含义是矩阵实验室（matrix laboratory），主要用于处理矩阵运算的问题，其基本元素是向量或矩阵。在 20 世纪 80 年代，美国新墨西哥大学计算机科学系主任 Cleve Moler 博士为了减轻学生编程的负担，用 Fortran 编写了最早的 MATLAB。1984 年由 Little、Moler、Steve Bangert 合作成立的 MathWorks 公司正式把 MATLAB 推向市场。到 20 世纪 90 年代，MATLAB 已成为国际控制界的标准计算软件之一。

MATLAB 经过 30 多年的完善和扩充，版本不断升级，在核心数值算法、界面设计、外部接口等诸多方面有了很大改进，能满足不同领域的学术研究和工程应用，如数值分析、数字图像处理、工程与科学绘图、通信系统设计与仿真、控制系统设计与仿真、财务与金融工程等领域，已成为工程界普遍广泛使用的仿真软件之一。在国际上众多高等院校和研究机构中，MATLAB 已经成为线性代数、自动控制理论、数字信号处理、时间序列分析、动态系统仿真、图像处理等课程的基本教学工具，成为高校学生必须掌握的基本技能。

1.1.2 MATLAB 特点

与传统的计算机语言相比，MATLAB 在解决技术问题方面具有以下优势。

1. 简单易学

MATLAB 是基于矩阵的运算语言，用户可以在命令窗口中输入命令语句，也可以先编写好一个较大的应用程序（M 文件）后再一起运行。MATLAB 语言是一种解释性语言，所实现的脚本程序不需要编译就可以在 MATLAB 环境执行。在工程实践中 MATLAB 还提供了 C/C++代码生成工具箱，可以将 MATLAB 程序转换成 C/C++代码移植运行到其他操作系统甚至是嵌入式系统，这也是 MATLAB 能够深入到科学研究及工程计算各个领域的重要原因。

2. 语法不受限制，语言简洁

在 MATLAB 中不用定义或声明变量，可以直接使用，如 $a=5$，就定义了变量 a 且其值为 5；如 $\boldsymbol{a}$=[1 2；3 4]，就定义了 $\boldsymbol{a}$ 为矩阵。在其他高级语言中必须先声明变量类型再使用。MATLAB 是基于矩阵的运算工具，对于矩阵运算，如矩阵的乘法，只需要使用其提供的丰富运算符即可简单且高效地获得结果，如 $\boldsymbol{C}=\boldsymbol{A}*\boldsymbol{B}$（矩阵 $\boldsymbol{A}$、$\boldsymbol{B}$ 是可乘矩阵）。在其他高级语言中完成此类运算则要使用相应的算法编程，需要十几条或更多语句来完成，比较耗时。

3. 界面友好，图形功能强大

MATLAB 具有和其他 Windows 操作软件相类似的友好用户界面，易学易用，其窗口操作环境提供了命令行窗口、工作区（工作空间）窗口、数据编辑器、历史命令窗口等。用户能方便对数据或文件进行操作，获得数据信息，能进入所需文件操作路径，浏览历史操作。

MATLAB 的图形功能强大，支持数据的可视化操作，方便地显示程序的运行结果。它有一系列绘图函数：线性坐标、对数坐标、半对数坐标及极坐标下的各种绘图函数，在图形上进行标注，对图形进行线型、颜色标记，对坐标轴进行控制、文字标识、三维图形绘制等操作。

4. 强大的工具箱

MATLAB 包含两个部分：核心部分和各种可选的工具箱。核心部分有几百个核心内部函数。工具箱则是由各个领域的著名专家学者编写的，用户可直接使用工具箱进行更高层次的研究。工具箱实际上是对 MATLAB 进行扩展应用的一系列 MATLAB 函数（称为 M 文件），它可用来求解各类学科的问题，控制领域可以使用的工具箱有“Control System”（控制工具箱）、“System Identification”（系统辨识工具箱）、“Robust Control”（鲁棒控制工具箱）、“Optimization”（最优化工具箱）等。

1.1.3 MATLAB R2022a 集成开发环境

正版 MATLAB 安装软件，包括英文版和简体中文版等多个版本，用户享有在线资源服务。MATLAB R2022a 集成开发环境主界面如图 1-1 所示。

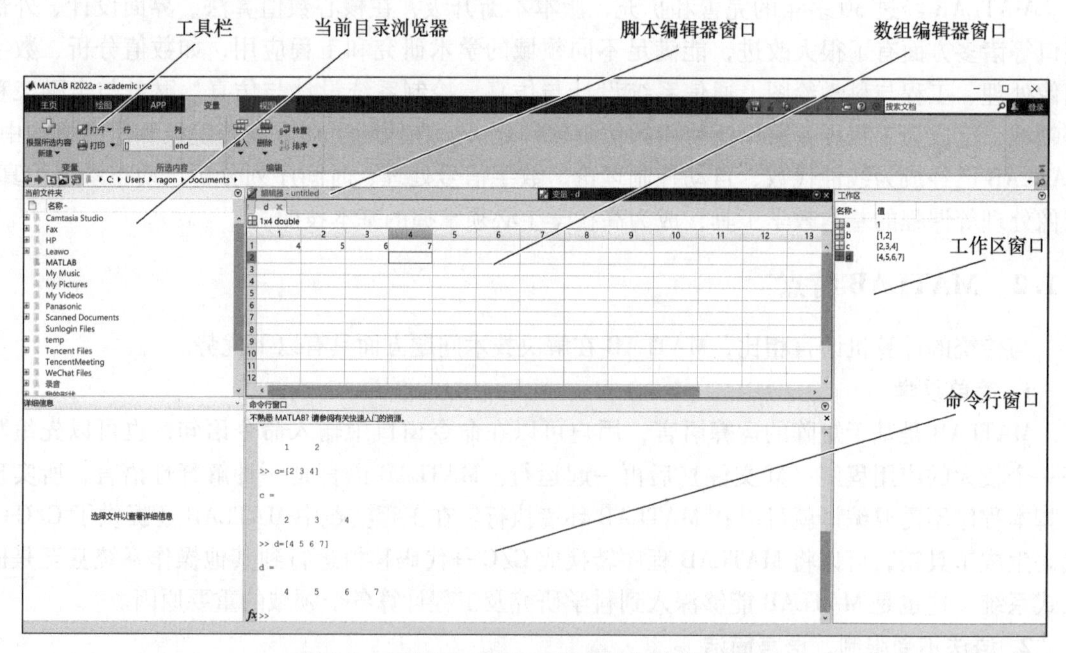

图 1-1 MATLAB R2022a 集成开发环境主界面

“主页”工具栏（见图 1-2）：主要提供文件、变量、代码、Simulink、环境和资源等方面的便捷操作。

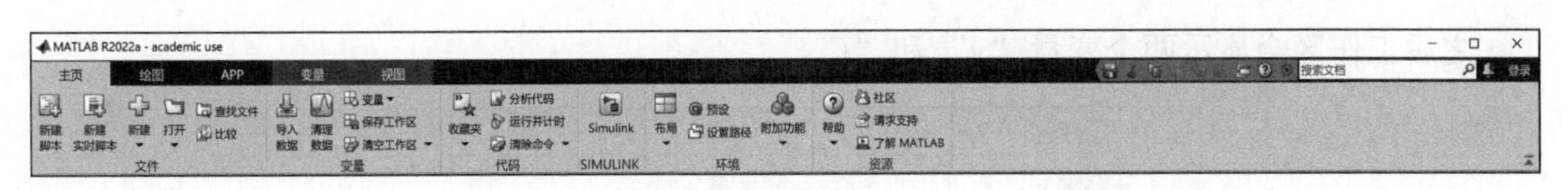

图 1-2 “主页”工具栏

“绘图”工具栏（见图 1-3）：在工作区选择变量以后，“绘图”工具栏中的图形类型按钮变为可用，单击按钮，将在命令窗口自动添加命令，并生成对应图形。单击右侧下拉箭头按钮可以看到更多图形类型。

图 1-3 “绘图”工具栏

“APP”工具栏（见图 1-4）：列出了若干已经封装功能的应用程序。这些应用程序提供 GUI，能实现可视化交互操作，因而更加便捷。

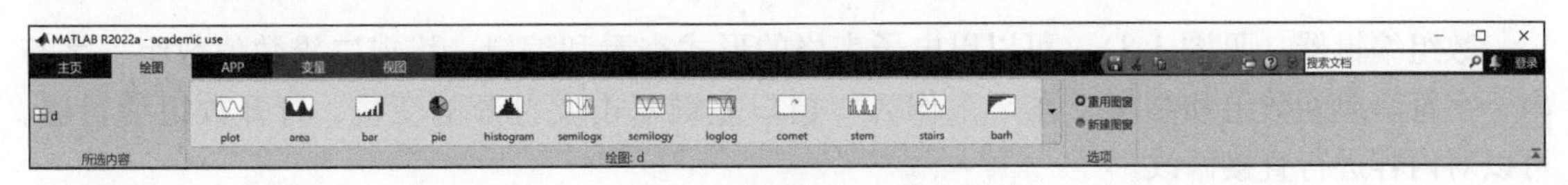

图 1-4 “APP”工具栏

“编辑器”工具栏（见图 1-5）：主要针对函数和脚本编辑器进行文件、导航、编辑、调试和运行等方面的辅助操作。

图 1-5 “编辑器”工具栏

“命令行窗口”（见图 1-6）：用于输入临时指令或数据，运行 MATLAB 函数和脚本并显示结果的主要工具之一。

符号“≫”为命令行窗口的命令提示符，光标在提示符后，表示 MATLAB 处于准备状态，可以输入指令或数据并执行，回车后可得到结果。

例如，输入下面的代码可创建一个 3×3 的矩阵 ***A***。

≫A=[1 2 3; 4 5 6; 7 8 9]

输入命令后单击回车键，MATLAB 返回矩阵 ***A*** 的值，如图 1-6 所示。

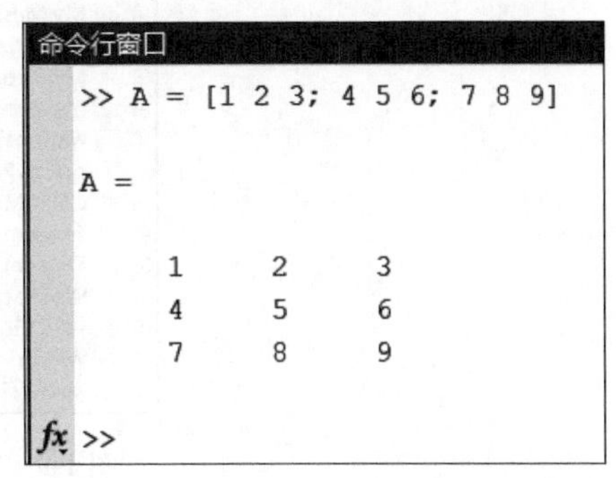

图 1-6 “命令行窗口”输入示例

“工作区”窗口（见图 1-7）：可以通过使用函数、运行 M 文件和载入已经存在的工作区来添加变量。例如，键入如下命令：

```
≫t=0:pi/4:2*pi;
≫y=sin(t);
```

之后工作区会显示两个变量“y”和“t”。

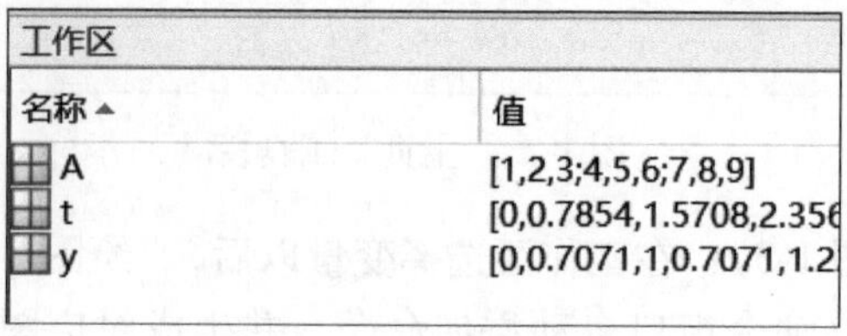

工作区

名称▲	值
A	[1,2,3;4,5,6;7,8,9]
t	[0,0.7854,1.5708,2.356
y	[0,0.7071,1,0.7071,1.2

图 1-7 “工作区”窗口查看变量

数组编辑器（见图 1-8）：可以以电子表格的形式查看和编辑一维或二维数值数组、字符串、字符串单元数组和结构。在“工作区”窗口左键双击要打开的变量，打开数组编辑器，可以对内容进行直接修改。

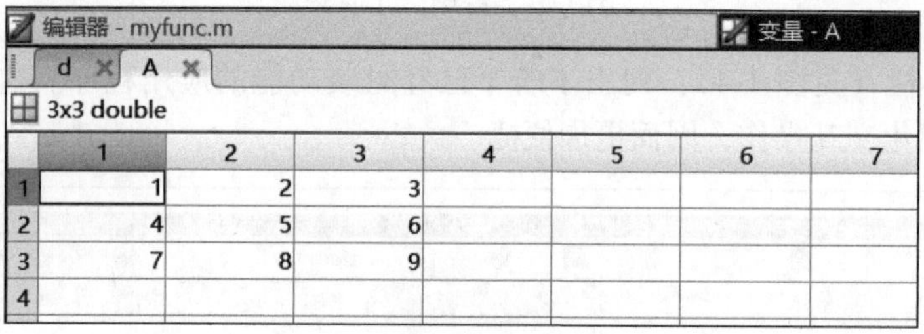

编辑器 - myfunc.m　　变量 - A

d ✕　A ✕

3x3 double

	1	2	3	4	5	6	7
1	1	2	3				
2	4	5	6				
3	7	8	9				
4							

图 1-8 数组编辑器编辑变量

“当前文件夹”目录浏览器（见图 1-9）：可以搜索、查看、打开、查找和改变 MATLAB 路径和文件。

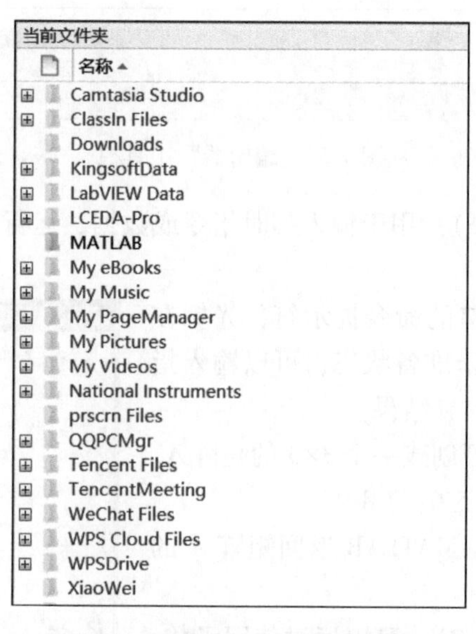

图 1-9 “当前文件夹”目录浏览器

“编辑器”窗口（见图 1-10）：MATLAB 脚本、函数和类可以在编辑器中输入、编辑和调试。内容部分根据关键字、注释、字符串等内容的不同，用不同的颜色进行标识。

图形窗口（见图 1-11）：绘图时自动打开图形窗口，在该窗口中可绘制、编辑、交互和保存图形。

编辑器 - E:\360MoveData\Users\licui\Documents\myfunc.m

solveroot.m | myfunc.m

```
1      function [y1,y2]=myfunc(x1,x2,x3)
2      % 求函数值
3  —   global z
4  —   z1=3*x1.^2;z2=(x2+x3);
5  —   y1=z1+z2;
6  —   y2=z1-z2;
7  —   z=y1;
8
9  —   end
10
```

图 1-10 “编辑器”窗口

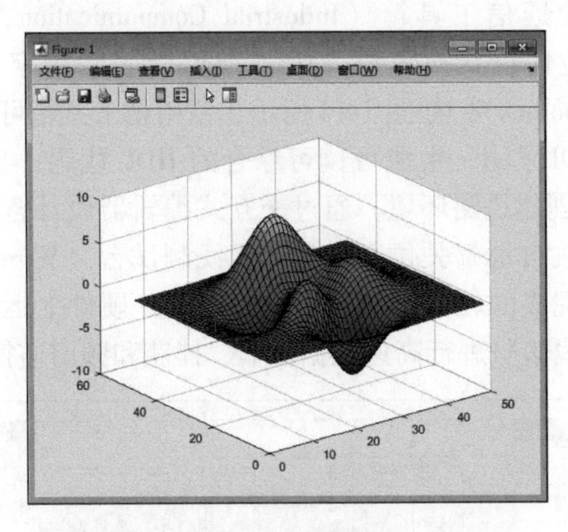

图 1-11 图形窗口

“帮助”浏览器（见图 1-12）：可以搜索和查看所有 MathWorks 产品的文档和演示。“帮助”浏览器是集成到 MATLAB 中的一个 HTML 查看器。在主界面右上角工具条上单击问号按钮，可以打开“帮助”浏览器。

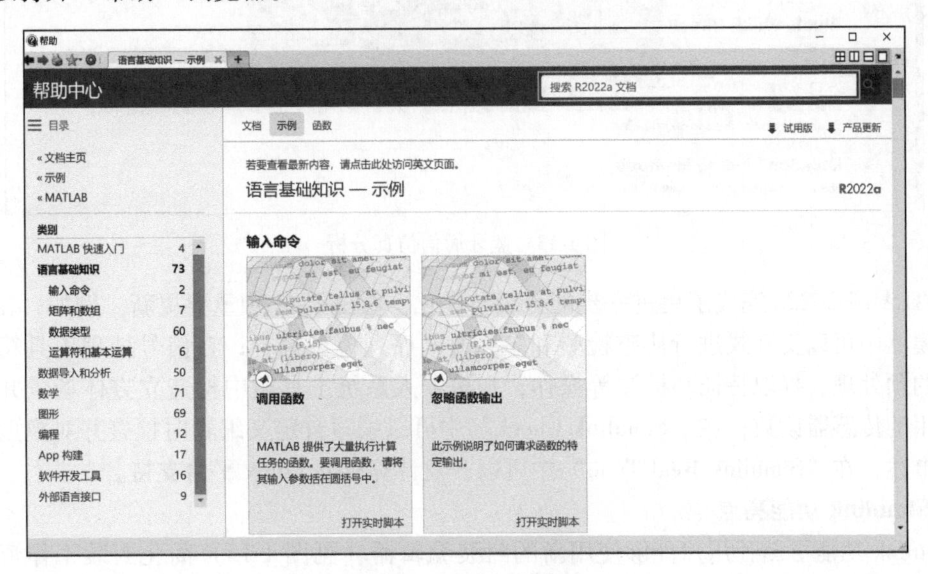

图 1-12 “帮助”浏览器

1.1.4 MATLAB R2022a 功能亮点

1. MATLAB R2022a 版本亮点

MATLAB R2022a 是一款非常专业且功能强大的商业数学软件，目前提供了数据分析建模、可视化、图形化、算法开发设计、app 构建，可用于多项式、基本统计量及微分方程数值解的函数可视化工具等，不仅可以全方位地满足用户工作需求，而且还广泛适用于机器学习、控制设计、信号处理、图像处理、通信、计算机视觉、计算金融及机器人技术等专业领域。

MATLAB R2022a 在其丰富的功能基础上，发布了 5 款新的产品工具箱：蓝牙工具箱（Bluetooth Toolbox），可以仿真、分析和测试蓝牙通信系统，若设备支持蓝牙串行端口配置文件（SPP），该工具箱提供的功能可使用户与蓝牙设备进行通信和向其传输数据或从其传输数据，如图 1-13 所示；工业通信工具箱（Industrial Communication Toolbox），通过 OPC UA、Modbus、MQTT 和其他工业协议交换数据；FPGA/SoC 为设计数字信号处理应用提供了 DSP HDL 工具箱（DSP HDL Toolbox），如图 1-14 所示，使用该工具箱可以对 DSP 算法的硬件实现进行建模，并通过使用 HDL Coder 生成可读可综合的 HDL 代码；自动驾驶仿真工具“RoadRunner Scenario”，可用来创建道路环境，通过交互式编辑器设计含有多参与者及复杂车辆行为的交通场景，还可以回放自动驾驶仿真场景；无线测试台（Wireless Testbench）是 R2022a 的最新工具箱，提供可在现成的软件定义无线电（SDR）硬件上运行的参考应用，用户可以通过这些参考应用使用无线信号进行高速数据传输、捕获和频谱监控。

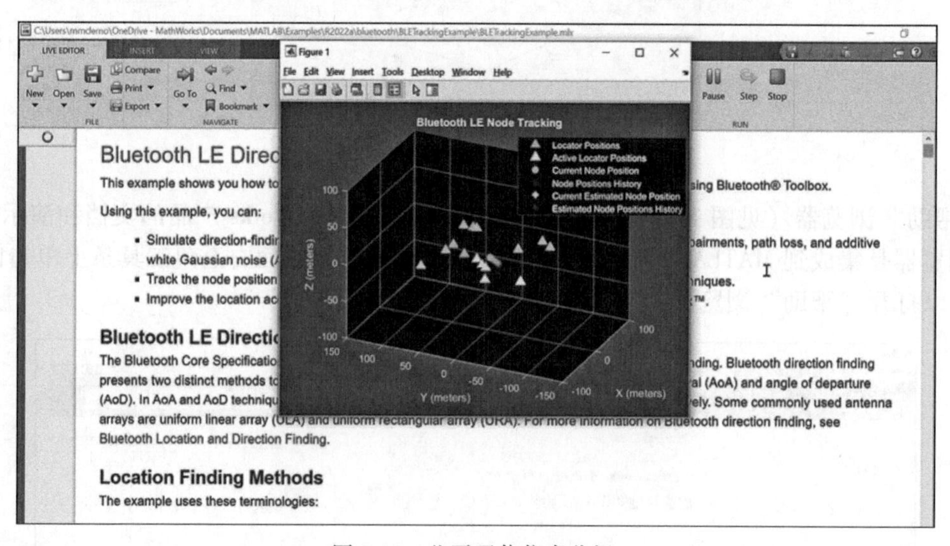

图 1-13 蓝牙通信仿真分析

MATLAB R2022a 完成了更进一步的升级与优化，做出了 11 项重要更新。例如，在计量经济学建模器中可以交互式进行协整检验和多元时间序列模型拟合；在信号处理工具箱增加了对信号的预处理、提取特征和标注等操作；在机器人系统工具箱中构造立方体场景并仿真机器人应用的传感器读数；在“Simulink Check”中可以编写自定义编辑时检查并对模型顾问违规进行申述；在“Simulink Real-Time”中可以开发计算机的 Linux 平台支持。

2. Simulink 功能亮点

Simulink 功能更新让用户能够使用新的封装编辑器（见图 1-15）简化封装工作流，或者使用模型引用局部求解器加速仿真，或者使用 C 函数模块添加自定义 C++类。无须编写代码，

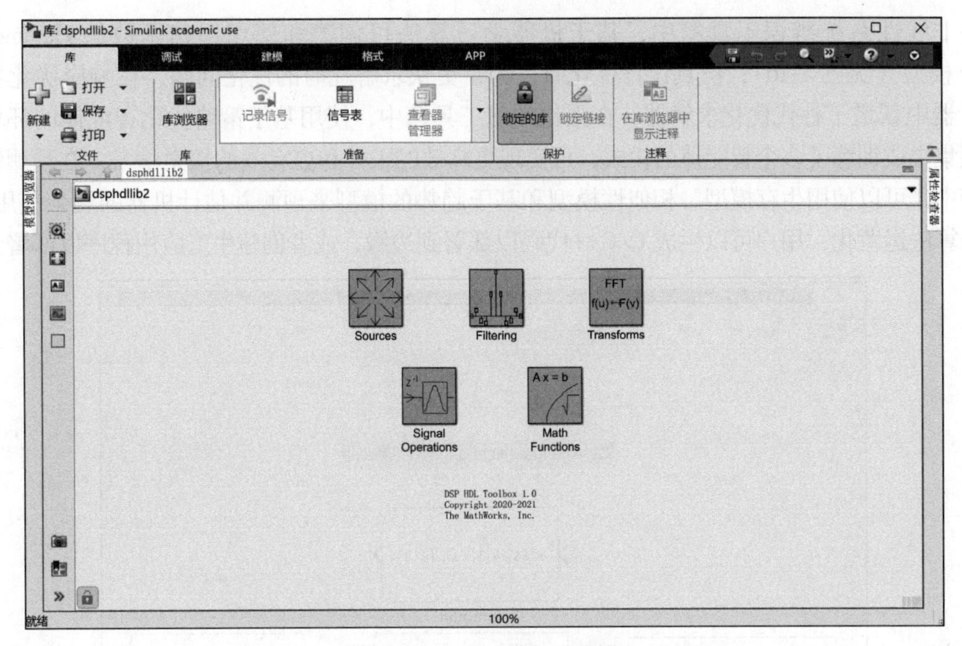

图 1-14　DSP HDL 工具箱

可以创建 app 生成可配置的 UI，将文件和文件夹打包到独立的功能样机单元（FMU），在 Simulink 报告生成器中用一个表对象汇总 Simulink 模型内容。

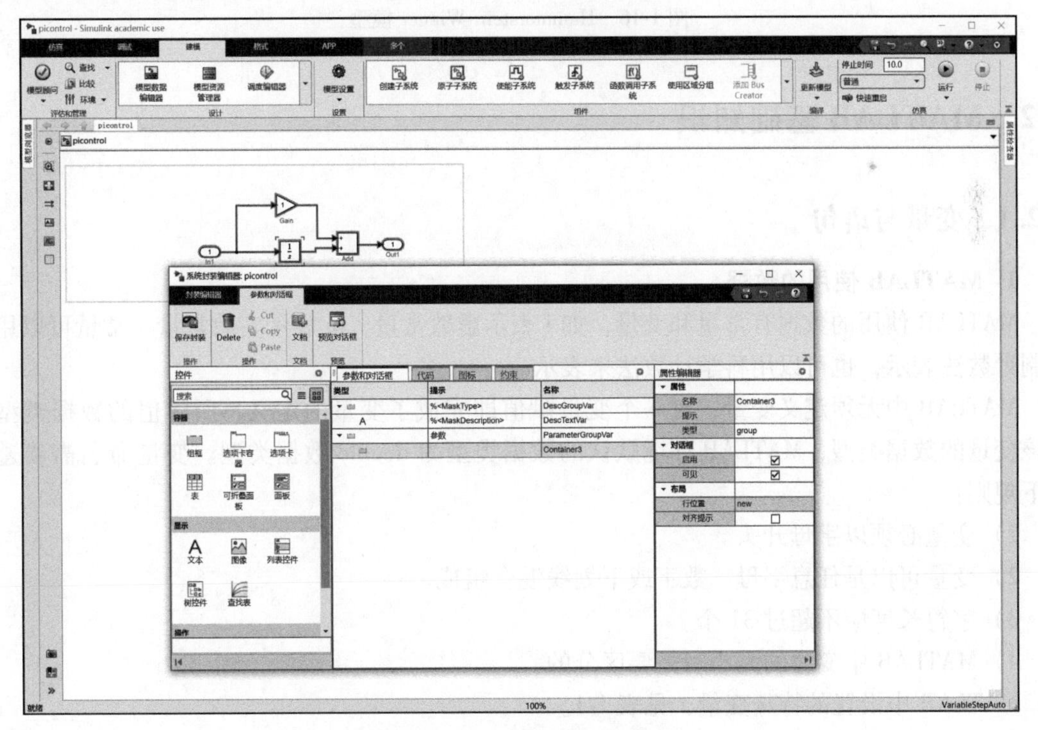

图 1-15　Simulink 封装编辑器

1.1.5　控制系统工具箱功能亮点

在模型预测控制工具箱中，使用线性 MPC 和 ADAS 模块可实现 MISRA C：2012 合规控制器；在非线性系统辨识工具箱中，基于机器学习算法可创建和使用回归函数的 Hammerstein-Wiener 模型（见图 1-16）；仿真设计优化时，为了更快求解耗时的优化问题，在响应优化器和参数估计器中新增了替代优化求解器；在强化学习工具箱中，使用基于策略优化智能体的环境模型或采用集中式训练了多个智能体的模式，可实现更高效的采样和更有效的探索学习；在预测性维护工具箱中，可以使用生存模型、相似性模型和基于趋势的模型来预测并估计机器的剩余使用寿命，为实现算法运营化，用户可以生成 C/C++代码以部署到边缘，或者创建生产应用程序以部署到云。

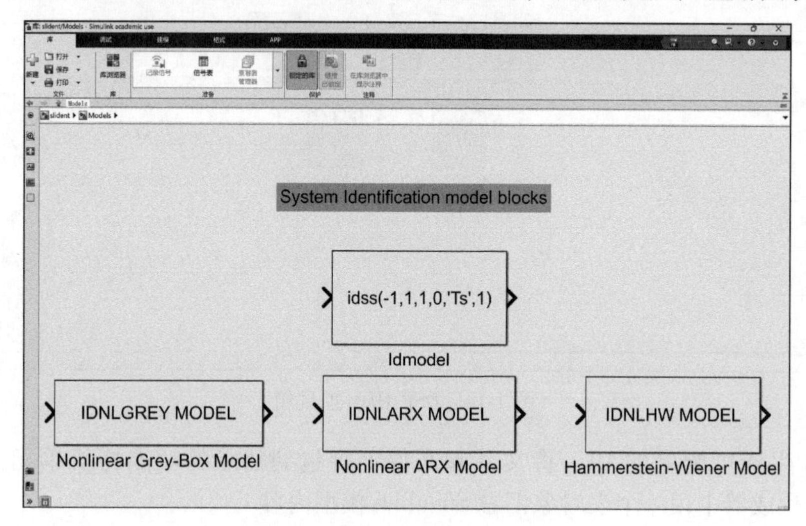

图 1-16　Hammerstein-Wiener 模型

1.2　MATLAB 基础知识

1.2.1　变量与语句

1. MATLAB 使用的数据

MATLAB 使用的数据有常量和变量，如 i 表示虚数常量，pi 表示实数常量。常量可以用十进制计数法表示，也可以用科学计数法来表示。

MATLAB 中无须定义变量，对一个变量赋值即完成了变量的定义，所赋值的数据类型即为该变量的数据类型，MATLAB 环境默认的数据类型为 double 数据类型。变量命名需要遵循以下规则：

1）变量必须以字母开头。

2）变量可以是任意字母、数字或下划线混合组成。

3）字符长度应不超过 31 个。

4）MATLAB 中变量的大小写是要区分的。

MATLAB 中设置的特殊变量，见表 1-1。

表 1-1　MATLAB 中设置的特殊变量

变量名	取值
eps	计算机的最小数
pi	圆周率

（续）

变量名	取值
i 或 j	虚数单位
ans	默认变量名时，将最近一次运算结果保存到 ans 变量中
inf	计算机的最大数
NaN	非数字（not a number）
nargin	函数的输入变量数目
nargout	函数的输出变量数目

在启动 MATLAB 之后，这些特殊数据自动赋予表中数值。如果定义了相同名字的变量，原始特殊取值会更改，直至清除该变量或退出 MATLAB。所以，在使用变量时尽量避免和特殊变量重复定义，避免使用 MATLAB 关键字作为用户变量名。

2. MATLAB 命令窗口

MATLAB 命令窗口就是 MATLAB 和用户的主要交互界面，MATLAB 的各种功能和命令必须在此窗口下才能实现，在这种环境下输入的 MATLAB 语句称为窗口命令。

所谓窗口命令，就是在命令窗口环境中输入 MATLAB 语句，并直接执行它们完成相应的运算、绘图等。MATLAB 语句的一般形式为

```
变量名=表达式
```

基本语句等号左边的变量名列表为 MATLAB 语句的返回值，等号右边的是表达式定义。也可以将变量名和等号一齐省略，这时表达式的值直接赋值给特殊变量 ans。

等号右边的表达式可以由分号结束，也可以由逗号或回车结束。如果用分号结束，则左边的变量结果屏幕将不显示，否则将显示左侧变量的值。

MATLAB 允许一次返回多个结果，这时等号左边用 [ ] 括起来的变量列表，变量之间用逗号分隔，如[m,p]=bode(n,d,w)。

1.2.2　变量操作

工作区的变量都是全局变量，可以对这些变量进行操作，相关操作命令见表 1-2。

表 1-2　变量的操作命令

命令	说明
who	显示工作区中变量
whos	显示工作区中存在的变量及其大小
save mydata	将工作区中变量存储到 mydata. mat 文件中
load mydata	从 mydata. mat 文件中读取变量到工作区
clear A	清除工作区中的所有变量或某个变量 a
help 函数名	查找某个函数名所对应的帮助文件
exist（‘A’）	查询当前工作区的变量
format	改变数据的显示精度

启动 MATLAB 后，会自动建立一个工作区，程序或指令所生成的所有变量存放于这里，可以对其中变量进行查询、保存、删除等操作。当退出 MATLAB 后，工作区消失，保存的变量也将被释放，再次运行程序或命令重新加载到工作区。

1.2.3 文件类型

MATLAB环境下可以用3种方式执行运算或分析：第一种是在MATLAB命令窗口直接执行指令；第二种是将一系列指令语句汇集成M脚本文件（即程序文件）来执行；第三种是将算法封装为函数（即函数文件）来执行。

1. 命令行语句

在命令窗口中输入并执行时，所用的变量都要在工作区获取，不需要输入输出参数的调用，退出MATLAB后就释放了。

MATLAB命令语句能即时执行，每输入完一条命令回车后，MATLAB就立即对其编译处理，完成MATLAB所有命令语句的输入，也就完成了它的执行，直接获得最终结果。从这一点来说，MATLAB清晰地体现了类似“演算纸”的功能。

【例1】 求一元二次方程 $x^2-10x+21=0$ 的根。

解：程序为

```
% 在命令窗口输入:
>>a=1;
>>b=-10;
>>c=21;
>>d=b*b-4*a*c;
>>x=[(-b+sqrt(d))/(2*a),(-b-sqrt(d))/(2*a)]
% 回车后,编译并执行上述语句后得到结果:
x=
     7     3
```

查看工作区变量，如图1-17所示。

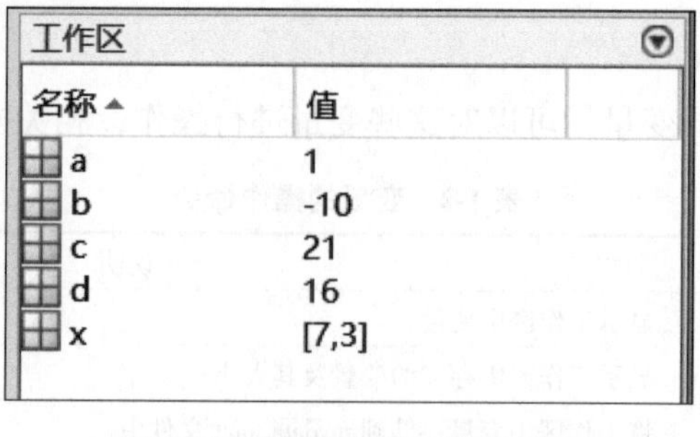

工作区	
名称▲	值
a	1
b	-10
c	21
d	16
x	[7,3]

图1-17 例1的查看工作区变量

2. 程序文件

在编辑器中输入并执行程序文件，以.m格式进行存取。程序文件的命名类似变量的命名，运行时只需在工作区中键入其文件名，就会顺序执行程序文件中的命令。

1）M文件中的所有变量可在工作区中引用，并可在其他M文件或Simulink文件中调用。

2）M脚本文件可以调用M函数。

3）它没有输入参数，也不返回输出参数。

【例2】 求一元二次方程 $x^2-5x+6=0$ 的根。

解: 程序为

```
% 在编辑器中输入:
clear;
a=1;
b=-5;
c=6;
d=b*b-4*a*c;
x=[(-b+sqrt(d))/(2*a),(-b-sqrt(d))/(2*a)]

% 在默认路径下保存文件为:solveroot.m;
% 在命令窗口输入 solveroot,并回车;
% 编译并执行上述语句后得到结果:
x=
   3   2
```

查看工作区变量，如图1-18所示。

程序文件所定义的变量存在于工作区中，变量可以被其他的程序文件使用或重新定义，这样其取值有可能改变，故在程序文件的开头一般使用clear命令清除工作区中所有变量，而在自己编辑的文件中重新对变量进行定义，防止变量取值发生改变。

在此例中，使用了内部库函数sqrt，其功能是求二次方根。MATLAB中定义了大量的内部库函数可供使用，可以参考本书后面章节或其他书籍。

工作区

名称▲	值
a	1
b	-5
c	6
d	1
x	[3,2]

图1-18 例2的查看工作区变量

3. 函数文件

函数文件的功能是建立一个函数，且这个函数可以像MATLAB的库函数一样使用。和编辑程序文件一样，函数文件要在编辑器中输入，以.m格式进行保存。函数文件允许有多个输入参数和多个输出参数值，其基本格式如下：

```
function[outputArg1,outputArg2]=untitled(inputArg1,inputArg2)
      % UNTITLED 此处显示有关此函数的摘要
      % 此处显示详细说明
  outputArg1=inputArg1;
  outputArg2=inputArg2;
end
```

单击新建函数便打开编辑器，并建立了函数的模板文件。其中，“function”和“end”为关键字，函数以“function”引导，以“end”结束。inputArg1和inputArg2为untitled函数的形式输入变量，outputArg1和outputArg2为形式输出变量。如果要进行注释，开头需要加百分号“%”，MATLAB对注释不进行编译。第一个百分号说明此函数的摘要，可用“lookfor”命令查询此函数得到帮助。第二个百分号是函数体之前的说明文本，详细地介绍函数的功能和用法。在命令窗口用

“help”命令时将显示函数的第一行和所有帮助文本。百分号之后便为函数体，包括进行运行和赋值操作的所有 MATLAB 程序代码，运行时按照顺序执行函数文件中的命令。

M 函数文件按照一定的规则来编写：

1）函数名和文件名必须相同。

2）函数的变量都是内部变量，与工作区的联系只有输入输出变量。

3）可以用 global 定义全局变量。

4）函数文件的第一行必须包括“function”这个关键字。

在一般情况下，不能单独键入函数文件的文件名来运行一个函数文件，它必须由其他语句来调用。

【例 3】 求函数$\begin{cases} y_1 = 3x_1^2+x_2+x_3 \\ y_2 = 3x_1^2-x_2-x_3 \end{cases}$ 在 $x_1=-2$，$x_2=3$，$x_3=1$ 时的值。

解： 程序为

```
% 在编辑器中输入：
function[y1,y2]=myfunc(x1,x2,x3)
% 求函数值
    z1=3*x1.^2;z2=(x2+x3);
    y1=z1+z2;
    y2=z1-z2;
end

% 在当前路径下保存文件名为 myfunc.m;
% 在命令窗口调用：
>>a1=-2;a2=3;a3=1;
>>[b1,b2]=myfunc(a1,a2,a3)

b1=
    16

b2=
    8
```

查看工作区变量，如图 1-19 所示。

工作区

名称 ▲	值
a1	-2
a2	3
a3	1
b1	16
b2	8

图 1-19　例3的查看工作区变量

注意，调用M函数时，要求函数名输入无误，而且变量要一一对应。程序中，x1、x2、x3、y1、y2均为函数内部变量，不保存在工作区。

1.3 MATLAB编程基础

1.3.1 编程环境

在主页面单击新建脚本或在编辑器单击新建，进入MATLAB的脚本编辑器窗口（见图1-20）来编辑程序。

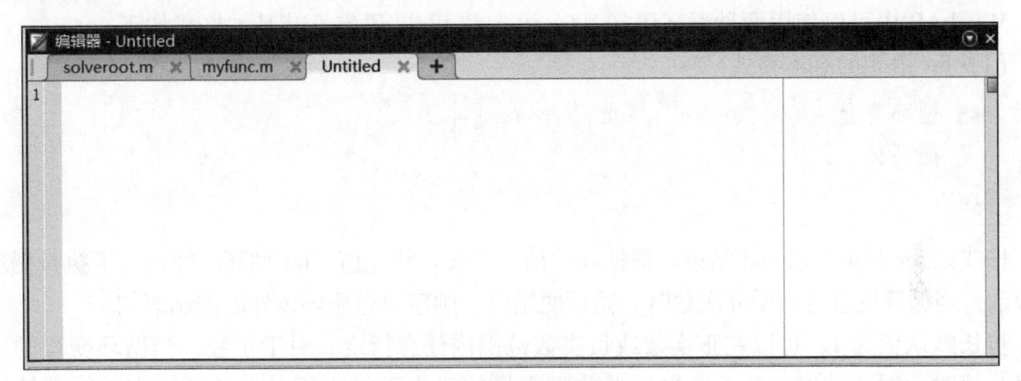

图1-20 脚本编辑器窗口

在编辑环境中，文字的不同颜色表明文字的不同属性：

绿色，表示注解语句，用“%”开头的语句内容。

黑色，代表程序主体。

红色，表示属性值的设定，用单引号括起来的内容。

蓝色，表示控制流程中的关键字，如function、end等。

在运行程序之前，必须设置好MATLAB的工作路径，使得所要运行的程序及运行程序所需要的其他文件处在当前目录之下，才可以使程序得以正常运行。否则，可能导致无法读取某些系统文件或数据，从而使程序无法运行。

1.3.2 编程原则

MATLAB语言称为第四代编程语言，其程序简洁、可读性很强，并且调试十分容易。和其他高级编程语言类似，使用时需要注意以下几点：

1）由于MATLAB是解释性语言，是边输入边执行的工作模式，所以MATLAB编程是自顶向下、顺序执行的。

2）善于在编程中使用符号%来添加注解，增强程序的可读性。

3）在主程序开头用clear、close指令，清除工作区中的变量，关闭打开的图形窗口。但注意在子程序中不要用clear。

4）参数值要集中放在程序的开始部分，以便维护。

5）程序尽量模块化，即采用主程序调用子程序的方法，各模块之间的关系尽可能简单，在功能上相对独立。

6）充分利用Debugger来进行程序的调试（设置断点、单步执行、连续执行），并利用其他工具箱或图形用户界面（GUI）的设计技巧，将设计结果集成到一起。

7）设置好 MATLAB 的工作路径，以便程序运行。

1.3.3 程序流程控制语句

MATLAB 是一个功能极强的高度集成化程序设计语言，具备一般程序设计语言的基本语句结构，并且其功能更强，由它编写出来的程序结构简单、可读性强。和其他高级语言一样，MATLAB 也提供了条件转移语句、循环语句等一些常用的控制语句，更符合人的思维方式，节省了语句，扩展了计算功能，使得 MATLAB 语言的编程显得十分灵活。

1. MATLAB 循环语句

MATLAB 中可以使用两种循环语句：for 语句和 while 语句。其基本格式如下。

（1）for 语句的基本格式

```
for 循环变量=起始值:步长:终止值
    循环体
end
```

格式以 for 开头，以 end 结束。根据起始值、步长、终止值，for 循环已经定义了执行循环体的次数，当循环变量达到循环次数时，循环便结束，顺序执行循环体外的控制语句。

步长默认值为 1，可以在正实数或负实数范围内任意指定。对于正数，当循环变量的值大于终止值时，循环结束；对于负数，当循环变量的值小于终止值时，循环结束。循环结构可以嵌套使用。

【例 4】 求 $\sum_{i=1}^{100} i$ 的值。

解： 程序为

```
clear
mysum=0;
for i=1:100
    mysum=mysum+i;
end
```

查看工作区变量，如图 1-21 所示。

工作区

名称 ▲	值
i	100
mysum	5050

图 1-21 例 4 的查看工作区变量

（2）while 语句的基本格式

```
while 表达式
    循环体
end
```

格式以 while 开头，以 end 结束。若表达式为真，则执行循环体的内容，执行后再判断表达式是否为真；若不为真，则跳出循环体，向下顺序执行循环体外的控制语句。

【例 5】　用 while 语句求解例 4。

解：程序为

```
clear
sum=0;i=1;
while(i<=100)
    sum=sum+i;
    i=i+1;
end
```

查看工作区变量，如图 1-22 所示。

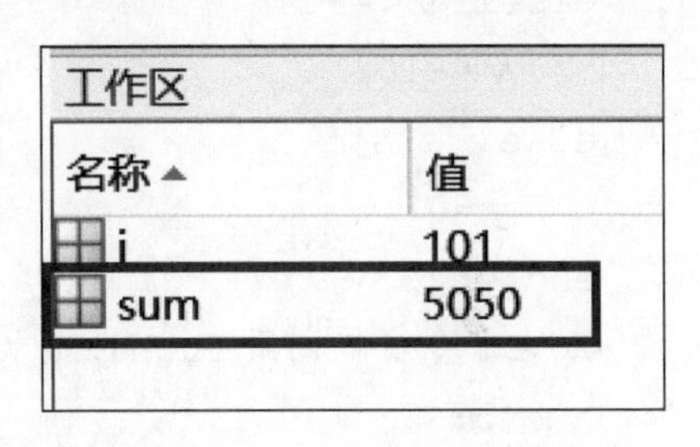

图 1-22　例5的查看工作区变量

while 循环和 for 循环的区别在于，while 循环结构的循环体被执行的次数不是确定的，而 for 结构中循环体的执行次数是确定的。

MATLAB 提供的循环语句 for 和 while 是允许多级嵌套的，而且它们之间也允许相互嵌套，这和 C 语言等高级程序设计语言是一致的。

2. MATLAB 条件转移语句

MATLAB 中可以使用两种条件转移语句：if 语句和 switch 语句。其基本格式如下。

（1）if 语句的基本格式

```
if  逻辑表达式
    执行语句
end
```

格式以 if 开头，以 end 结束。当逻辑表达式的值为真时，执行该结构中的执行语句，执行完后继续向下进行；若为假，则跳过执行语句，向下执行。

if-else-end 和 if-elseif 是 if 语句的扩展形式，其格式为

```
if(条件式)
  条件块语句组 1
else
  条件块语句组 2
end
```

```
if  (条件式 1)
  条件块语句组 1
elseif 条件式 2
  条件块语句组 2
    ⋮
else
  条件块语句组 n
end
```

if-else 的执行方式：如果逻辑表达式的值为真，则执行语句 1，然后跳过语句 2，向下执行；如果为假，则执行语句 2，然后向下执行。

if-elseif的执行方式：如果逻辑表达式1的值为真，则执行语句1；如果为假，则判断逻辑表达式2，如果为真，则执行语句2，否则向下执行。

【例6】 为下式写赋值程序：

$$y=\begin{cases}10 & x\geqslant 1\\ 0 & -1<x<1\\ -10 & x\leqslant -1\end{cases}$$

解：程序为

```
% 在编辑窗口编写 M 文件 fuzhi.m,并保存
if x>=1
    y=10
elseif x<=-1
    y=-10
else
    y=0
end
% 在命令窗口调用 fuzhi.m:
>>x=5;
>>fuzhi
y=
    10
```

（2）switch语句的基本格式

```
switch  表达式(%可以是标量或字符串)
  case  值 1
          语句 1
  case  值 2
          语句 2
     …
  case  值 n
          语句 n
  otherwise
          语句 n+1
  end
```

执行方式：表达式的值和哪种情况（case）的值相同，就执行哪种情况中的语句；如果不同，则执行otherwise中的语句。格式中也可以不包括otherwise，如果表达式的值与列出的各种情况都不相同，则继续向下执行。

【例7】 根据输入变量的值来决定显示的内容。

解：程序为

```
% 打开编辑窗口编写 M 文件 inputcha.m
num=input('请输入一个数');
switch num
case-1
    disp('I am a teacher.');
case 0
    disp('I am a student.');
case 1
    disp('You are a teacher.');
otherwise
    disp('You are a student.');
end
% 在命令窗口输入并回车运行 inputcha.m,并根据提示信息输入一个数,运行结果为
>>inputcha
请输入一个数 1
You are a teacher.
```

1.4　MATLAB 矩阵及其运算

矩阵是 MATLAB 最基本、最重要的数据对象，MATLAB 提供了各种矩阵的运算与操作，既可以对矩阵整体进行处理，也可以对矩阵的某个或某些元素进行单独处理。MATLAB 具有强大的数值运算功能。

1.4.1　矩阵输入

在 MATLAB 语言中不必描述矩阵的维数和类型，它们是由输入的格式和内容来确定的，例如以下 3 种：

A=[1 2] 时，把 A 当作一个 1×2 维向量；

A=5 时，把 A 当作一个标量；

A=1+2i 时，把 A 当作一个复数。

矩阵可以用以下几种方式进行赋值。

1. 直接列出矩阵元素

对于比较小的简单矩阵可以使用直接排列的形式输入，直接输入遵循规则如下：

1）矩阵每一行的元素必须用空格或逗号分开。

2）在矩阵中采用分号或回车表明每一行的结束。

3）整个输入矩阵必须包含在方括号中。

【例 8】　在 MATLAB 中建立如下矩阵：

$$\boldsymbol{a}=\begin{bmatrix}1 & 2 & 3\\4 & 5 & 6\\7 & 8 & 9\end{bmatrix}$$

解：程序为

```
% 在命令窗口输入:
>>a=[1,2,3;4,5,6;7,8,9]
% 回车后得到:
a=
1    2    3
4    5    6
7    8    9

% 或者输入:
>>a=[1 2 3;4 5 6;7 8 9]
% 得到相同的结果。
```

对每一行的内容分行输入，也可利用续行符号“…”，把一行的内容分两行来输入。如前面的矩阵还可以等价地由下面两种方式来输入。

```
% 在命令窗口输入:
>>A=[1 2 3;4 0 0          % 一行输入完毕后,回车
0 5 0]
% 或者输入:
>>A=[1 2 3 ;4 0…          % 一行没有输入完,使用续行符号
0;0 5 0]
```

输入后的矩阵 A 将一直保存在工作区中，除非被替代和清除。在 MATLAB 的命令窗口中可随时查看其内容。

还可以双击工作区中的某一变量，在表格中填入任意矩阵的元素。在工作区窗口左键双击要打开的变量，打开数组编辑器，可以对内容进行直接修改，如图 1-23 所示。

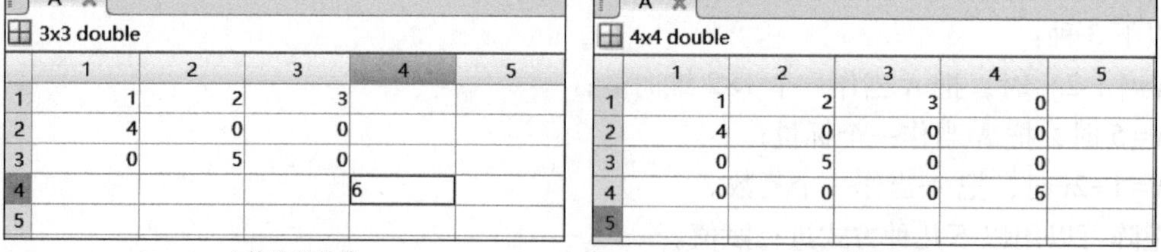

A
3x3 double

	1	2	3	4	5
1	1	2	3		
2	4	0	0		
3	0	5	0		
4				6	
5					

a) 修改变量前

A
4x4 double

	1	2	3	4	5
1	1	2	3	0	
2	4	0	0	0	
3	0	5	0	0	
4	0	0	0	6	
5					

b) 修改变量后

图 1-23　工作区修改变量示例

对于向量的输入，因为向量可作为矩阵的一列或一行，所以矩阵的输入方式同样适用向量输入。

【例 9】　在 MATLAB 下直接输入，建立一行向量或一列向量。

解：程序为

```
>>A=[1 2 3 4 5 6]                     % 生成一行向量。
>>A=[1;2;3;4;5;6]                     % 生成一列向量。
```

2. 通过简单运算语句和函数产生矩阵

在已知变量的基础上，通过简单运算生成新的矩阵，或者用函数生成特殊矩阵。

【例 10】 使用特殊矩阵完成矩阵输入。

解： 程序为

```
>>A=[1 2 3 0;4 0 0 0;0 5 0 0;0 0 0 6];
>> B=ones(4);
>> C=A*B;
```

例 10 中，矩阵 A 是通过直接输入方法生成的，矩阵 B 是用函数生成的一个 4×4 的全 1 矩阵，矩阵 C 是通过简单运算生成的。特殊矩阵命令见表 1-3。

表 1-3　特殊矩阵命令

含义	指令
单位矩阵	eye（m，n）；eye（m）
零矩阵	zeros（m，n）；zeros（m）
全 1 矩阵	ones（m，n）；ones（m）
对角矩阵	对角元素向量　V=[a1,a2,…,an]　A=diag(V)
随机矩阵	rand（m，n）产生一个 m×n 的均匀分布的随机矩阵

对于向量，可以按照矩阵的方法进行输入，也可以使用冒号“:”操作符来生成向量，格式为 S1：S2：S3。其中，S1 为起始值，S2 为步长，S3 为终止值。这类似 for 循环用到的循环变量的定义，S2 可以为正值，也可以为负值。

【例 11】 用冒号生成向量。

解： 程序为

```
% 步长为正值时:
>>A=1:2:10
A=
  1    3    5    7    9
% 步长为负值时:
>>A=12:-2:1
A=
  12    10    8    6    4    2
```

对于向量，还可以用 linspace( ) 函数生成向量，格式为 linspace(n1,n2,n)。在线性空间上，行矢量的值从 n1 到 n2，数据个数为 n，n 默认为 100。

【例 12】 使用 linspace( ) 函数生成向量。

解： 程序为

```
>>B=linspace(1,10,5)
B=
  1.0000    3.2500    5.5000    7.7500  10.0000
```

冒号和 linspace 函数都能生成线性间距向量，不同之处在于冒号没有直接给出向量个数，而 linspace 函数定义了生成向量的个数。

对于向量，还可以用 logspace( ) 函数生成对数间距向量，格式为 logspace(n1,n2,n)。在对数空间上，行矢量的值从 10^{n1} 到 10^{n2}，数据个数为 n，n 默认为 50。这个指令为建立对数频域轴坐标提供了方便。

【例 13】 使用 logspace( ) 函数生成向量。

解： 程序为

```
>>a=logspace(1,3,3)
a=
  10    100    1000
```

3. 在文件中建立矩阵

在编辑窗口编写 M 文件，语法和直接输入法一样；之后，保存并运行。这样数据便加载到工作区中，可以直接使用这些变量。

【例 14】 通过编写 M 文件加载变量。

解： 程序为

```
% 在编辑窗口编写 M 文件,并保存为 matrixinput.m
a=[1 2 3;4 0 0;0 5 0];
b=eye(3);

% 运行 matrixinput.m,将变量 a 和 b 加载到工作区中。
```

查看工作区变量，如图 1-24 所示。

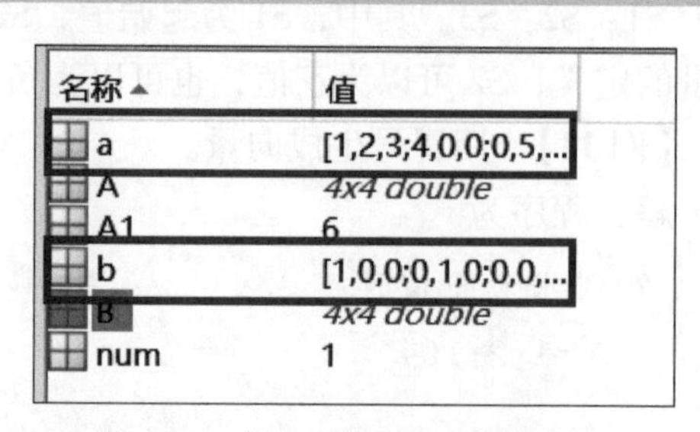

图 1-24 例 14 的查看工作区变量

4. 从外部的数据文件中装入

有很多数据文件都可加载到 MATLAB 中，如 *.xls、*.mat 数据文件等，通过 MATLAB 主页工具栏导入数据，并选择导入的范围，可将数据加载到工作区（见图 1-25），将 scores.xls 数据表格导入工作区，以变量名 scores 存在于工作区。

查看工作区变量，如图 1-26 所示。

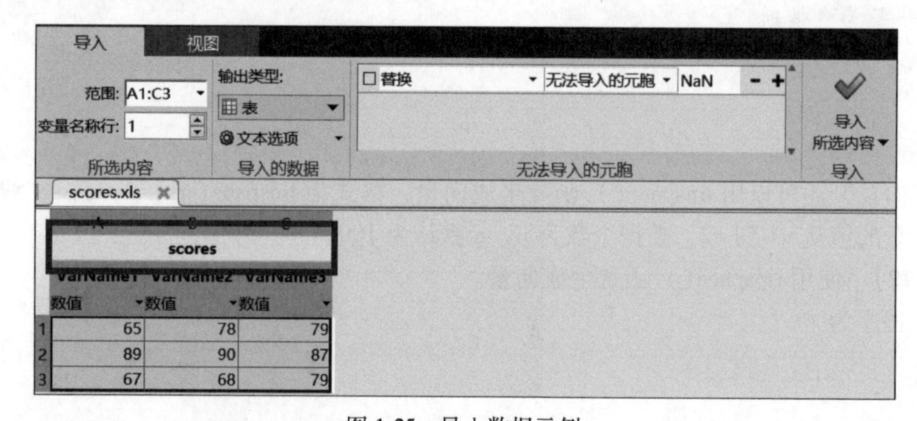

图 1-25 导入数据示例

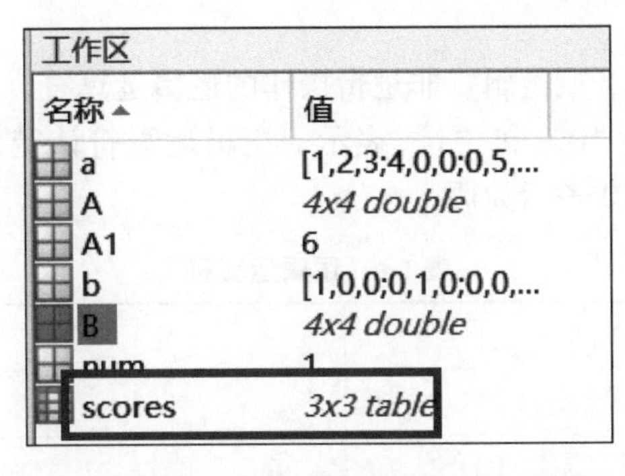

图 1-26　导入数据文件后查看工作区变量

1.4.2　矩阵运算

矩阵运算是 MATLAB 的基础,MATLAB 的矩阵运算功能十分强大，并且运算的形式和一般的数学运算十分相似。

1. 运算符

MATLAB 提供的运算符有算术运算符、关系运算符、逻辑运算符。它们的处理顺序依次为算术运算符、关系运算符、逻辑运算符。

(1) 算术运算符

MATLAB 提供了加减乘除、赋值、乘方、点运算等算术运算符，见表 1-4。

表 1-4　算术运算符

运算符	说明	运算符	说明
+	加法运算	^	乘方运算
−	减法运算	.*	点乘法运算
*	乘法	./	点除法运算
/	右除	.^	点幂方
\	左除	=	赋值

(2) 关系运算符

MATLAB 提供了小于、大于、等于、小于等于、大于等于、不等于关系运算符，见表 1-5。

MATLAB 的关系运算符可以用来比较两个大小相同的矩阵，或者比较一个矩阵和一个标量。比较两个元素大小时，结果是 1 表明真，结果是 0 表明为假。

表 1-5　关系运算符

运算符	说明	运算符	说明
<	小于	<=	小于等于
>	大于	>=	大于等于
==	等于	~=	不等于

(3) 逻辑运算符

MATLAB 提供了与逻辑、或逻辑、非逻辑操作的逻辑运算符，见表 1-6。

逻辑运算结果信息也用“0”和“1”表示，逻辑运算符认定任何非零元素都表示为真。结果是 1 表示为真，结果是 0 表示为假。

表 1-6 逻辑运算符

运算符	说明
&	与
|	或
~	非

2. 矩阵运算

(1) 加减法运算

如果两个矩阵维数相同时，可以使用运算符“+”和“-”直接相加减；如果两个矩阵维数不相同时，MATLAB 将给出错误提示信息。

MATLAB 还允许标量和任意大小的矩阵相加减。

(2) 矩阵乘法

如果前一个矩阵的列数等于后一个矩阵的行数，则称两个矩阵是可乘的，可以使用运算符“*”直接相乘，简单快速得到运算结果。

MATLAB 还允许标量和任意大小的矩阵相乘，其结果为标量与矩阵中的每个元素分别相乘。

(3) 除法运算

矩阵的除法有两种运算符“\”和“/”，分别表示左除和右除。

一般来说，x=A\B 是方程 A*x=B 的解，即 A\B=inv(A)*B；x=B/A 是方程 x*A=B 的解，即 B/A=B*inv(A)，通常 A\B≠B/A。

(4) 矩阵的乘方

矩阵的乘方运算符为“^”。

一个方阵的乘方运算可以用 A^P 来表示。P 为正整数，则 A 的 P 次幂即为 A 矩阵自乘 P 次。如果 P 为负整数，则可以将 A 自乘 P 次，然后对结果进行求逆运算，就可得出该乘方结果。如果 P 是一个分数，如 P=m/n，其中 n 和 m 均为整数，则首先应该将 A 矩阵自乘 m 次，然后对结果再开 n 次方。

(5) 点运算

运算符为“.”，可以是点乘、点除或点乘方运算。两个矩阵对应元素的直接运算，要求矩阵维数相同。例如，C=A.*B，为两个矩阵对应位元素直接相乘；C=A.^A，则为矩阵 A 的每个元素进行乘方的运算。

对于如下两个简单的矩阵：

$$\boldsymbol{A}=\begin{bmatrix}1 & 2 & 3\\4 & 5 & 6\end{bmatrix}\quad \boldsymbol{B}=\begin{bmatrix}1 & 1\\1 & 1\\1 & 1\end{bmatrix}$$

MATLAB 中的普通乘法运算与点乘运算结果分别为

```
>>A*B                          >>A.*B'

ans=                           ans=

   6    6                         1    2    3
  15   15                         4    5    6
```

可以看出，这两种乘法结果不同，前者是普通矩阵相乘，后者是两个矩阵对应元素间的相乘。点运算尤其在向量的运算中起到重要的作用。例如，在求取向量 x 的模值时，必须使用点运算，写成 x. *x 形式，才能得到正确结果，否则 MATLAB 会编译出错。

（6）转置

记作 A'，若含有复数元素，先对各个元素进行转置，然后再逐项求取其共轭复数值。

```
>>A=[1 2 3;4 5 6]'             >>B=[1+2i 2-7i]'
A=
  1    4                       B=
  2    5                         1.0000-2.0000i
  3    6                         2.0000+7.0000i
```

（7）矩阵的翻转处理

MATLAB 还提供了一些矩阵翻转处理的特殊命令，见表 1-7。

表 1-7　矩阵翻转处理的特殊命令

命令	fliplr（A）	flipud（A）	rot90（A）
说明	左右翻转	上下翻转	逆时针翻转 90°
举例	>>fliplr（A） ans= 3　2　1 6　5　4	>>flipud（A） ans= 4　5　6 1　2　3	>>rot90（A） ans= 3　6 2　5 1　4

（8）矩阵的块操作

使用运算符“:”（见表 1-8），可以对矩阵进行元素更改、插入子块、提取子块、重排子块、扩大维数等操作。

表 1-8　冒号运算符

操作	说明
A（2，3）	提取第 2 行，第 3 列元素
A（:，2）	提取第 2 列元素
A（3,:）	提取第 3 行元素
A（1：3，1：2：5）	提取第 1 行到第 3 行和第 1、3、5 列的所有元素（提取子块）
A（:，3）=[]	相当于消除了第 3 列的矩阵子块

（9）矩阵的特征参数运算

使用 MATLAB，可以方便地计算矩阵的行列式、逆矩阵、矩阵的秩、特征值和特征向量等矩阵参数。表 1-9 给出了常用的矩阵特征参数命令。

表 1-9 常用的矩阵特征参数命令

操作	说明
det（A）	矩阵的行列式
inv（A）	矩阵的逆矩阵
trace（A）	矩阵的迹
rank（A）	矩阵的秩
[V，D]=eig（A）	矩阵的特征值和特征向量
poly（A）、roots（P）	矩阵的特征多项式、特征方程和特征根
norm（A）	矩阵的范数

（10）多项式的运算

多项式 $F(x)=a_0x^n+a_1x^{n-1}+\cdots+a_{n-1}x+a_n$ 的系数为 $P=[a_0,a_1,\cdots,a_{n-1},a_n]$，按照系数降幂排列成一行向量，所以多项式的建立与行向量的定义完全相同。

1.5 MATLAB 绘图功能

MATLAB 具有非常强大的二维和三维图形绘制功能，尤其擅长将各种科学运算结果可视化，由于系统采用面向对象的技术和丰富的矩阵运算，所以其在图形处理上方便又高效。MATLAB 的图形命令格式简单，可以使用不同的线型、颜色、数据点标记和标注等来修饰。

1.5.1 二维绘图

1. plot 函数

功能：用来绘制二维曲线。

格式：plot(x,y)。

说明：x 表示要绘制的数据点的横坐标，可省略。如果省略，则以数据点的序号绘制横坐标。y 表示数据点的数值，以向量形式表示。

plot 函数还可以为 plot（x,y1,option1,x,y2,option2,x,y3,…）形式，其功能是以公共向量 x 为 x 轴，分别以 y1，y2，y3，…为 y 轴，在同一幅图内绘制出多条曲线。

选项参数 option 定义了图形曲线的颜色、线型（见表 1-10），由一对单引号括起来，线型和颜色选项可以同时使用。

表 1-10 plot 命令选项

选项	意义	选项	意义
‘-’	实线	‘--’	虚线
‘:’	点线	‘-.’	点划线
‘r’	红色	‘g’	绿色
‘b’	蓝色	‘y’	黄色

（续）

选项	意义	选项	意义
‘*’	用星号绘制各个数据点	‘.’	用点号绘制各个数据点
‘o’	用圆圈绘制各个数据点	‘x’	用叉号绘制各个数据点
‘+’	用加号绘制各个数据点	‘D’	用菱形绘制各个数据点

2. axis 函数

功能：坐标轴的形式和刻度。

格式：见表 1-11。

表 1-11　axis 函数格式

格式	说明
axis([xmin xmax ymin ymax])	设定坐标轴最大值和最小值
axis(‘auto’)	将坐标系统返回到自动默认状态
axis(‘square’)	将当前图形设置为方形
axis(‘equal’)	两个坐标因子设成相等
axis(‘ij’)	使用笛卡儿坐标系
axis(‘xy’)	使用“matrix”坐标系，即坐标原点在左上方
axis(‘off’)	关闭坐标系统
axis(‘on’)	显示坐标系统
set(gca,'xtick',标示向量)	按照标示向量设置 x 轴的刻度标示
set(gca,'xticklabel','字符串 | 字符串…')	按照字符串设置 x 轴的刻度标注

3. 坐标的标注、网格及图例说明

对图形的标注与网格控制格式见表 1-12 和表 1-13。

表 1-12　图形的标注格式

格式	说明
title(‘字符串’)	在所画图形最上端显示说明该图形标题字符串
xlabel(‘字符串’)	设置 x 坐标轴的名称
ylabel(‘字符串’)	设置 y 坐标轴的名称
text(x,y,‘字符串’)	在图形的指定坐标位置(x,y)处，标示单引号括起来的字符串
gtext(‘字符串’)	利用鼠标在图形的某一位置标示字符串

表 1-13　网格控制格式

格式	说明
grid on	在所画出的图形坐标中加入栅格
grid off	除去图形坐标中的栅格

当在一个图形窗口绘制多幅图形时，可以使用图例注解说明命令，其格式为

```
legend('字符串 1','字符串 2',…,'字符串 n')
legend off
```

【例 15】 在同一窗口下绘制正弦曲线和余弦曲线，并标注坐标、文字及图例说明。

解：程序为

```
% 在编辑窗口编写 M 文件,并运行
t=[0:pi/20:5*pi];                          % 定义绘制三角函数的定义域范围
plot(t,sin(t),'r:*')                       % 用红色星号标记数据,并用红色点线绘制
axis([0 5*pi-1.5 1.5 ])                    % 用 axis 函数定义 x 轴、y 轴的范围
xlabel('t(deg)')                           % 标注 x 轴、y 轴及图形标题
ylabel('magnitude')
title('sine wave from zero to 5\pi')
text (pi/2, sin (pi/2 ) , '\bullet\leftarrow The sin ( t )  at t=2')
                                           % 在指定位置创建说明性文字
hold on
plot ( t, cos ( t ) )                      % 继续绘制余弦图形
legend ('sin ( t ) ', 'cos ( t ) ')        % 图例说明
gtext ('文字标识命令举例')                 % 在指定位置创建说明性文字
hold off
```

例 15 程序绘制的图形如图 1-27 所示。

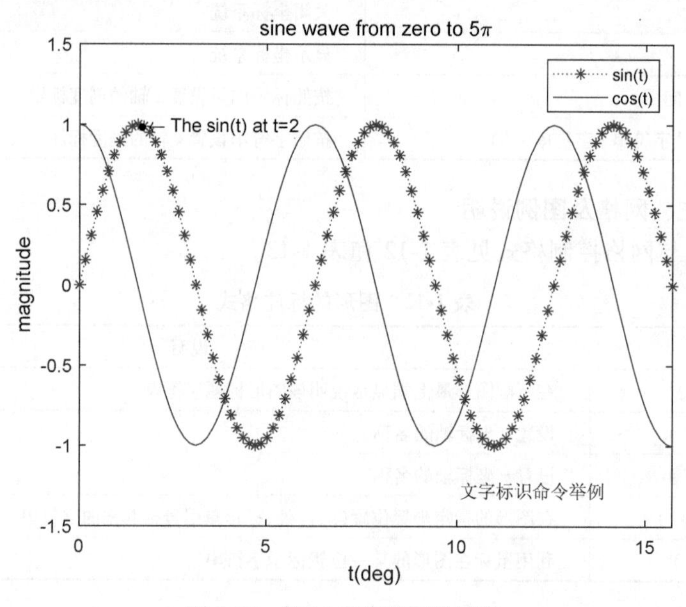

图 1-27 例 15 程序绘制的图形

4. 图形的控制与操作

（1）图形保留开关

hold on：把当前图形保持在屏幕上不变，同时允许在这个坐标内绘制另外一个图形。

hold off：使新图覆盖旧的图形。

clg：清除图形窗口。

（2）建立图形窗口

figure：按照顺序创建图形窗口。

figure (n)：打开不同的图形窗口，在当前窗口绘制图形。

(3) 建立子坐标系统

subplot (m, n, p)：将当前绘图窗口分割成 m 行 n 列，并指定第 p 个编号区域为当前绘图区域。区域大编号原则是“先上后下，先左后右”。m，n，k 前面的逗号可以省略。

5. 其他的二维绘图命令

semilogx(x,y,'option')：绘制以 x 轴为对数坐标（以 10 为底），y 轴为线性坐标的半对数坐标图形。

semilogy(x,y,'option')：绘制以 y 轴为对数坐标（以 10 为底），x 轴为线性坐标的半对数坐标图形。

polar(theta, rho)：绘制极坐标图形。其中，theta 为相角，rho 为对应的半径。

loglog(x,y,'option')：绘制两个轴都为对数间隔的图形。

bar(x,y,'option')：绘制棒图。

1.5.2 三维绘图

1. plot3 函数

功能：绘制三维曲线。

格式：plot3(x,y,z,选项)。

说明：x、y、z 为维数相同的向量，分别存储曲线的三个坐标的值，选项的意义同 plot( ) 函数。

【例 16】 使用 plot3 函数绘制简单的三维曲线。

解：程序及曲线为

```
% 在命令窗口键入命令:
>>t=0:pi/50:10*pi;
>>y1=sin(t),y2=cos(t);
>>plot3(y1,y2,t);
>>xlabel ('sin(t)'),ylabel ('cos(t)'),zlabel('t');
>>grid;
```

图形窗口

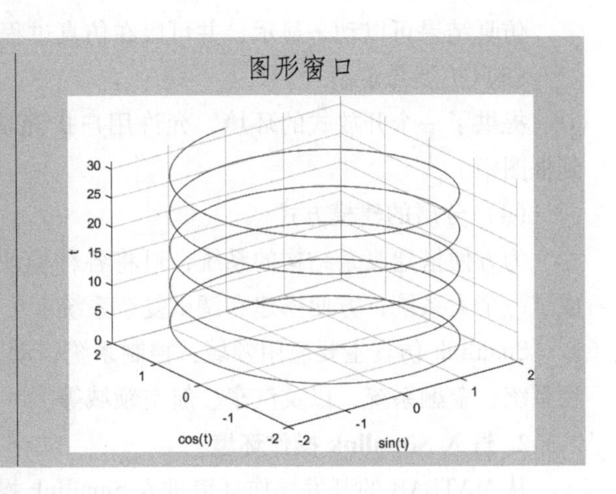

2. mesh 函数

功能：绘制三维网格图。

格式：mesh(x,y,z,c)。

说明：x、y 控制 x 和 y 轴坐标，矩阵 z 是由 (x, y) 求得 z 轴坐标，(x, y, z) 组成了三维空间的网格点；c 用于控制网格点颜色。

三维曲面的网格图最突出的优点是，较好地解决了实验数据在三维空间的可视化问题。

3. surf 函数

功能：绘制三维曲面图。

格式：surf(x,y,z)。

说明：x、y 控制 x 和 y 轴坐标，矩阵 z 是由（x，y）求得的曲面上 z 轴坐标。各线条之间的补面用颜色填充。

1.6 Simulink 动态仿真集成环境

1.6.1 Simulink 简介

在工程实际中，控制系统的结构往往很复杂，如果不借助专用的系统建模软件，则很难准确地把一个控制系统的复杂模型输入计算机，对其进行进一步的仿真与分析。

1990 年，MathWorks 软件公司为 MATLAB 提供了新的控制系统模型图输入与仿真工具：SIMULAB。1992 年正式将该软件更名为 Simulink。该名称表明了软件系统的两个主要功能：simu（仿真）和 link（连接）。即，该软件可以利用鼠标在模型窗口上绘制出所需要的控制系统模型（以 . mdl/. slx 文件进行存取），然后利用 Simulink 提供的功能来对系统进行仿真和分析。

1. Simulink 的特点

（1）图形化仿真

用户只需要知道模块的功能，再将它们像搭积木一样连接起来构成所需要的系统，不但支持连续、线性系统仿真，而且也支持离散、非线性系统仿真。

（2）交互式仿真

仿真结果可以动态显示，并可以在仿真过程中随时修改参数。

（3）扩展与定制

提供了一个开放式的环境，允许用户扩充功能，可以将 C、Fortran 语言编写的算法集成到框图中。

（4）分层的建模方式

为方便搭建复杂结构的系统，可将各种模块进行封装构成一个子系统，各个子系统就构成了一个大系统，方便搭建和调试复杂系统。

Simulink 仿真主要应用领域：控制系统、动力学系统、数字信号处理系统、电力系统、生物系统、金融系统，以及汽车、航空领域等。

2. 进入 Simulink 操作环境

从 MATLAB 的开发操作环境进入 Simulink 操作环境有多种方法，介绍如下：

1）单击 MATLAB 主页工具栏的 Simulink 图标 Simulink，弹出图 1-28 所示的浏览器画面。

2）在命令窗口键入“simulink”命令，可弹出图 1-28 所示的画面。

3）从“新建”下拉式菜单中选择“Simulink Model”，弹出图 1-28 所示的画面。在“New”页面单击“Blank Model”，可打开仿真操作环境画面（见图 1-29），并从工具栏中单击图形库浏览器图标 Library Browser，弹出图形库窗口（见图 1-30）。窗口左侧以树状结构列出仿真模块库或工具箱；右侧显示当前所选的仿真模块库或工具箱的标准模块库。

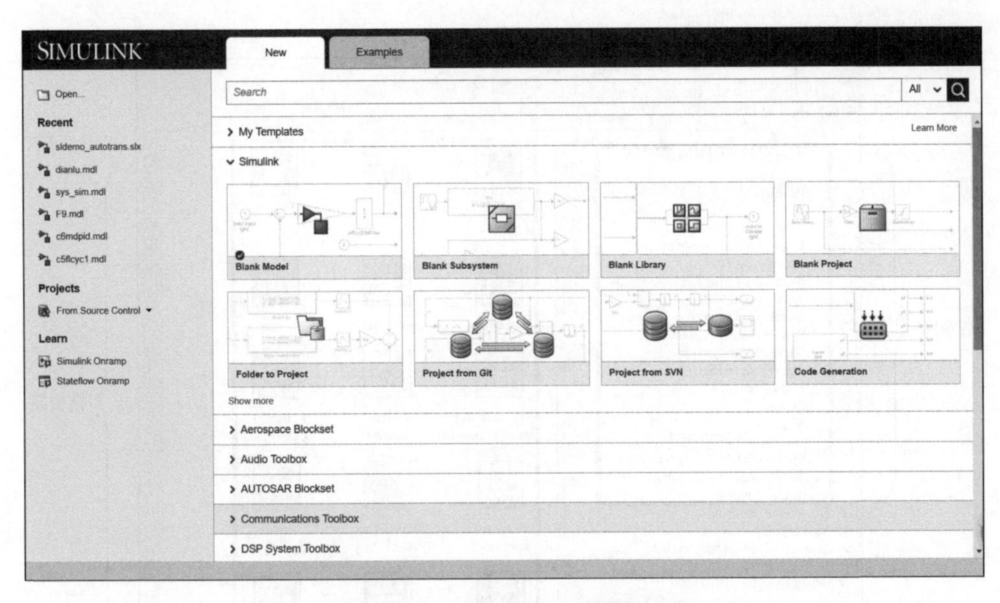

图 1-28　Simulink 图形库浏览器画面

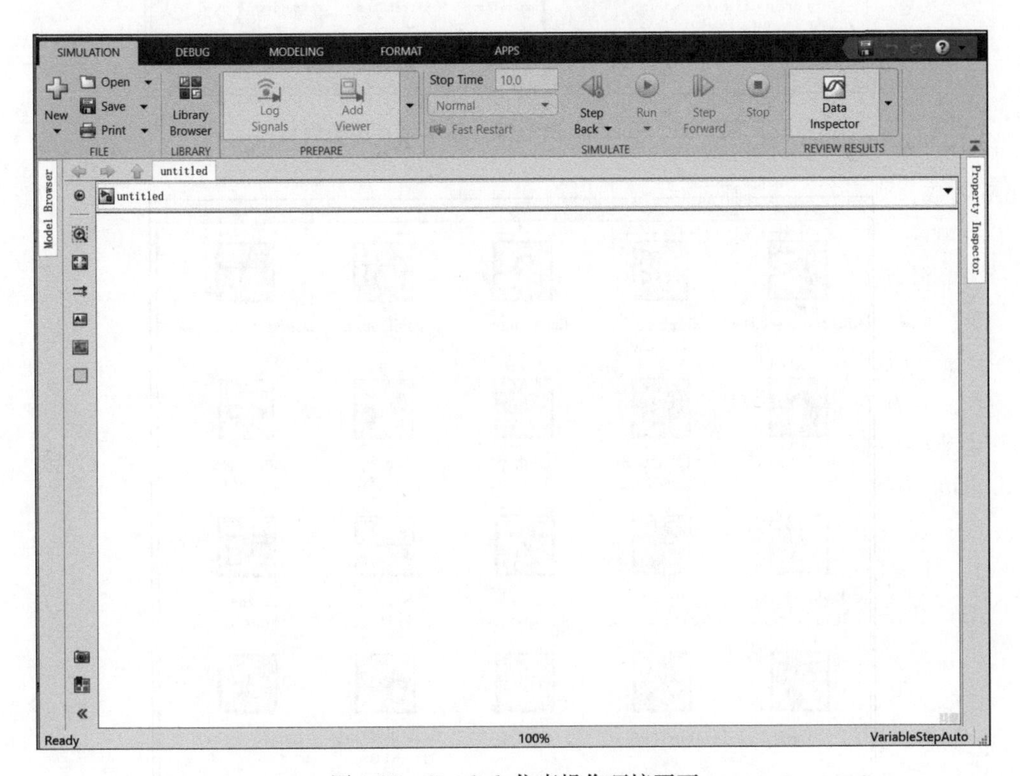

图 1-29　Simulink 仿真操作环境画面

1.6.2　Simulink 功能模块

在图 1-30 所示的 Simulink 图形库浏览器窗口中，一般默认打开的是 Simulink 模块库，里面包括了 20 种标准模块和常用工具箱，也称作基本库，这些都是由众多领域著名专家学者开发的。其中的模块集窗口如图 1-31 所示。这里仅介绍与动态仿真 Simulink 模块集有关的几种模块集。

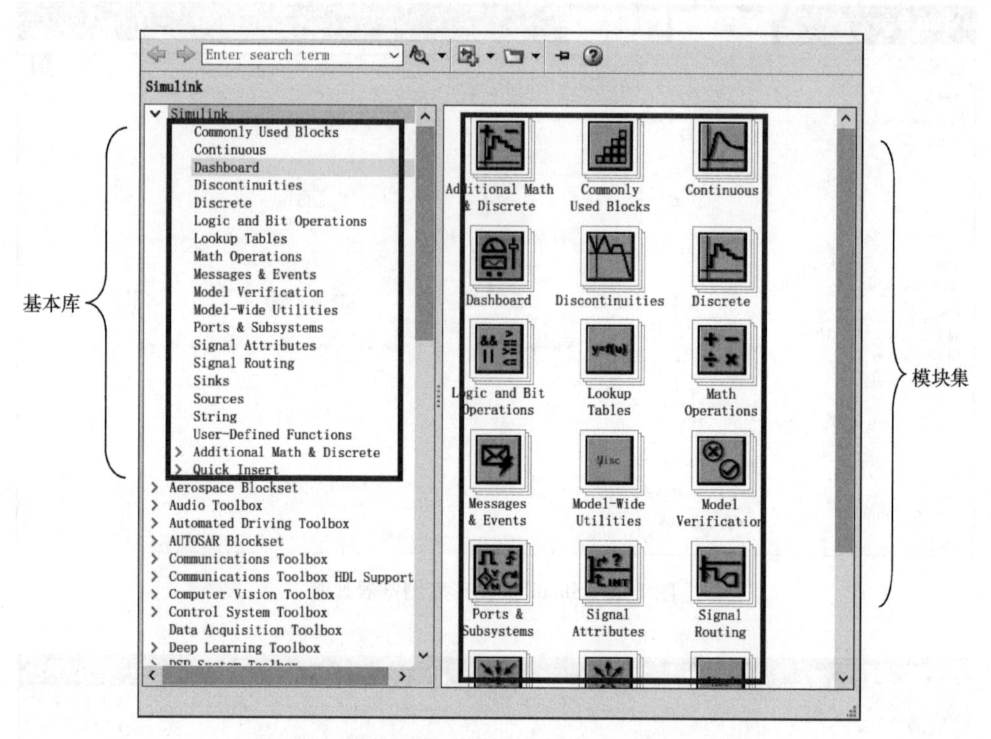

图 1-30 Simulink 图形库（基本库）浏览窗口

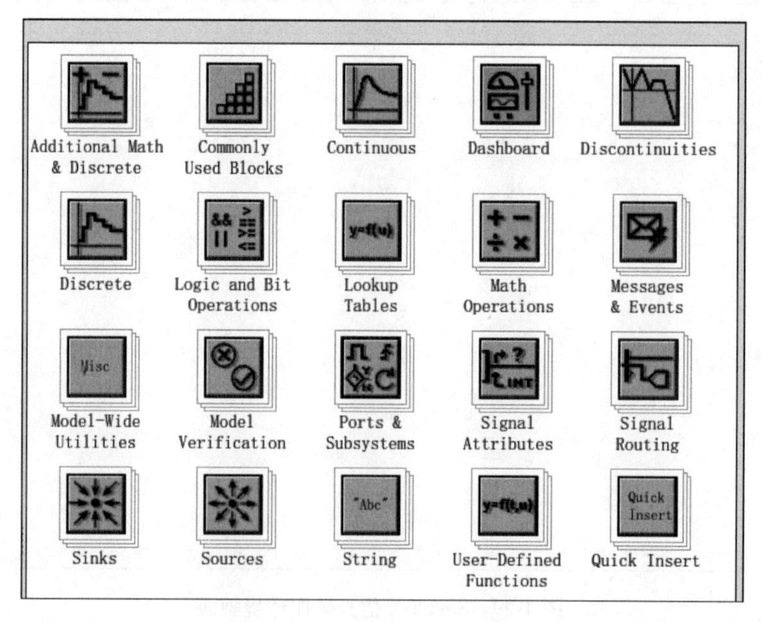

图 1-31 Simulink 模块集窗口

1. 常用模块库（Commonly Used Blocks）

在图 1-30 所示的 Simulink 浏览器窗口中，单击左侧"Commonly Used Blocks"可以打开常用模块库；或者双击右侧"Commonly Used Blocks"模块库，也可打开常用模块库（见图 1-32）。表 1-14 给出了常用模块库的标准模块及其功能。

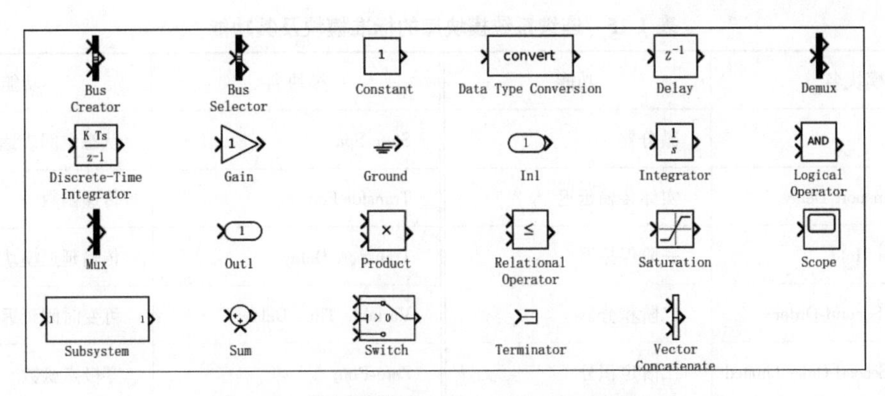

图 1-32 常用模块库（Commonly Used Blocks）

表 1-14 常用模块库的标准模块及其功能

模块名	功能	模块名	功能
Bus Creator	总线产生器	Logical Operator	逻辑运算
Bus Selector	总线选择器	Mux	将多路信号组成一个向量信号
Constant	常量	Out1	输出模块
Data Type Conversion	数据类型转换	Product	乘法运算
Delay	延时	Relational Operator	关系运算
Demux	将向量信号分解成一个多路信号	Saturation	饱和
Discrete-Time Integrator	离散时间积分器	Scope	示波器
Gain	比例	Subsystem	子系统模块
Ground	接地	Sum	求和
In1	输入接口	Switch	开关
Integrator	积分	Terminator	接收终端

2. 连续系统（Continuous）模块库

Simulink 的连续系统模块库提供了用于建立线性连续系统的模块，包括积分器模块、传递函数模块、状态空间模块和零极点模块等，如图 1-33 所示。这些模块为用户以不同形式建立线性连续系统模块提供了方便。该库的标准模块及其功能见表 1-15。

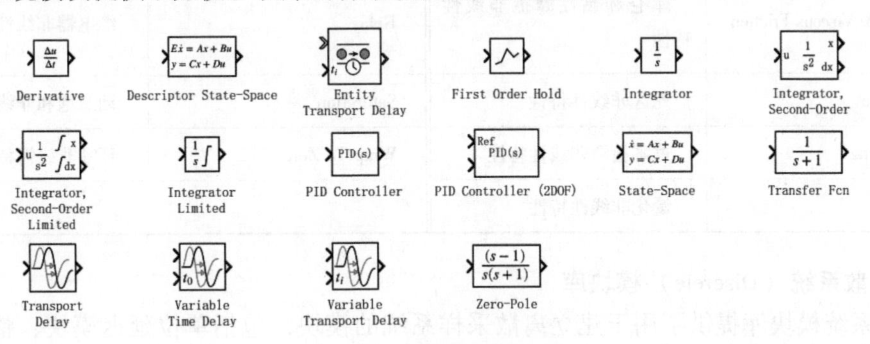

图 1-33 连续系统模块库

表 1-15 连续系统模块库的标准模块及其功能

模块名	功能	模块名	功能
Derivative	微分器	State-Space	状态空间表达式
Entity Transport Delay	实体传输延迟	Transfer Fcn	传递函数
First Order Hold	一阶保持器	Transport Delay	传输延迟模块
Integrator Second-Order	二阶积分器	Variable Time Delay	可变时间延迟模块
Integrator Second-Order Limited	二阶定积分	Zero-Pole	零极点函数
PID Controller	比例-积分-微分控制器		

3. 非连续系统（Discontinuities）模块库

非连续系统模块库提供了用于建立非线性连续系统的模块，包括饱和模块、死区模块、继电器模块等，如图 1-34 和表 1-16 所示。

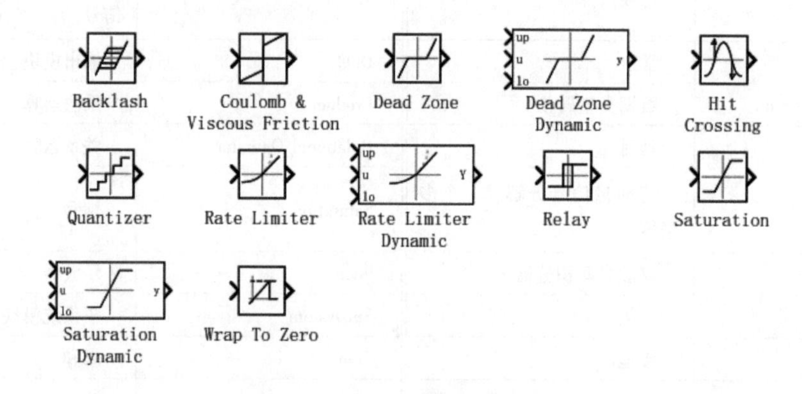

图 1-34 非连续系统模块库

表 1-16 非连续系统模块库的标准模块及其功能

模块名	功能	模块名	功能
Backlash	间隙非线性特性	Rate Limiter Dynamic	限速非线性特性
Coulomb & Viscous Friction	库仑和黏性摩擦非线性特性	Relay	继电器非线性特性
Dead Zone	死区非线性特性	Saturation	动态饱和非线性特性
Hit Crossing	过零检测非线性特性	Wrap To Zero	环零非线性特性
Quantizer	量化非线性特性		

4. 离散系统（Discrete）模块库

离散系统模块库提供了用于建立离散采样系统的模块，包括单位延迟模块、整数延迟模块、离散传递函数模块、离散 PID 控制器等，如图 1-35 和表 1-17 所示。

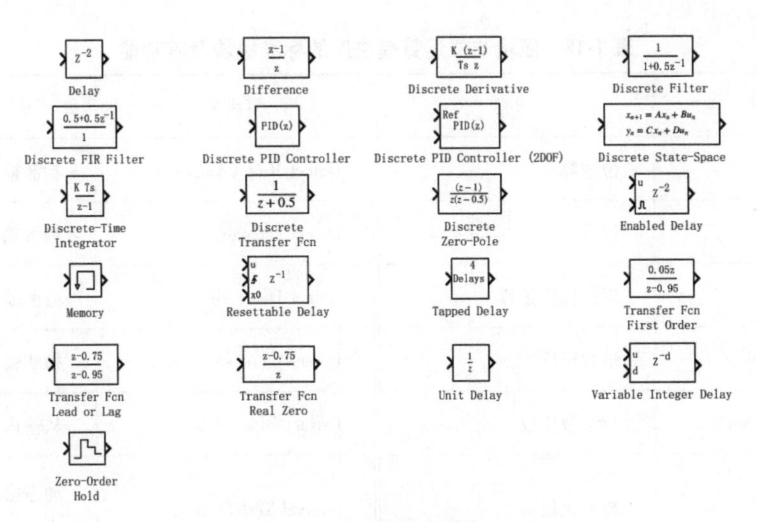

图 1-35　离散系统模块库

表 1-17　离散系统模块库的标准模块及其功能

模块名	功能	模块名	功能
Delay	延迟	Discrete Transfer Fcn	离散传递函数
Difference	差分环节	Discrete Zero-Pole	离散零极点函数
Discrete Derivative	离散微分环节	Enabled Delay	使能延迟环节
Discrete Filter	离散滤波器	Memory	记忆器
Discrete PID Controller	离散 PID 控制器	Tapped Delay	多抽头积分延迟
Discrete State-Space	离散状态空间表达式	Transfer Fcn First Order	一阶传递函数
Discrete-Time Integrator	离散时间积分器	Unit Delay	单位延迟

5. 逻辑与位运算（Logic and Bit Operations）模块库

逻辑与位运算模块库提供了逻辑系统及数字系统 Simulink 建模的基本模块，如图 1-36 和表 1-18 所示。

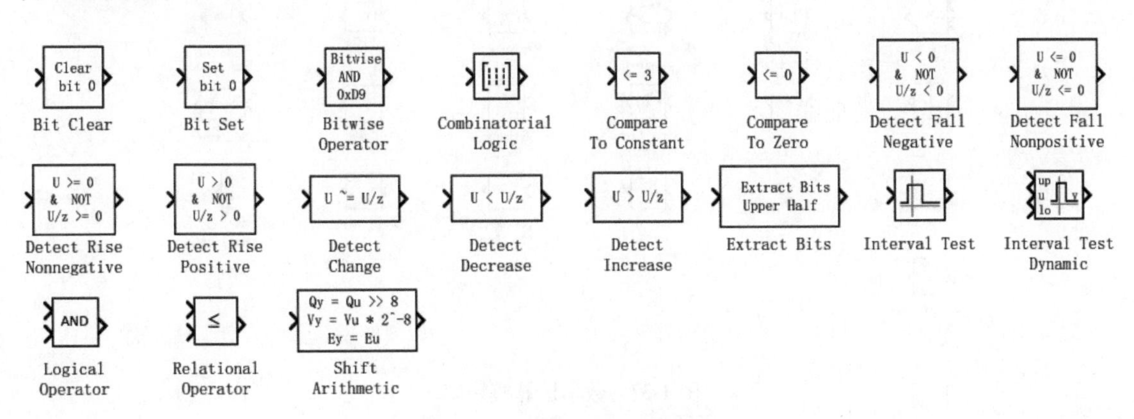

图 1-36　逻辑与位运算模块库

表 1-18　逻辑与位运算模块库的标准模块及其功能

模块名	功能	模块名	功能
Bit Clear	位清零	Detect Rise Positive	检测输入是否是正数
Bit Set	位置 1	Detect Change	检测输入变化
Bitwise Operator	逐位操作运算	Detect Decrease	检测输入是否减小
Combinatorial Logic	组合逻辑	Detect Increase	检测输入是否增加
Compare To Constant	与常数比较	Extract Bits	从输入中提取某几位输出
Compare To Zero	与零比较	Interval Test Dynamic	动态检测输入是否在某两值之间
Detect Fall Negative	检测输入是否是负数	Logical Operator	逻辑运算
Detect Fall Nonpositive	检测输入是否是非正数	Relational Operator	关系运算
Detect Rise Nonnegative	检测输入是否是非负数	Shift Arithmetic	算术平移

6. 数学运算（Math Operations）**模块库**

数学运算模块库提供了丰富的数学运算，如加减乘除法、开方运算、增益、绝对值运算、三角函数运算等，如图 1-37 和表 1-19 所示。

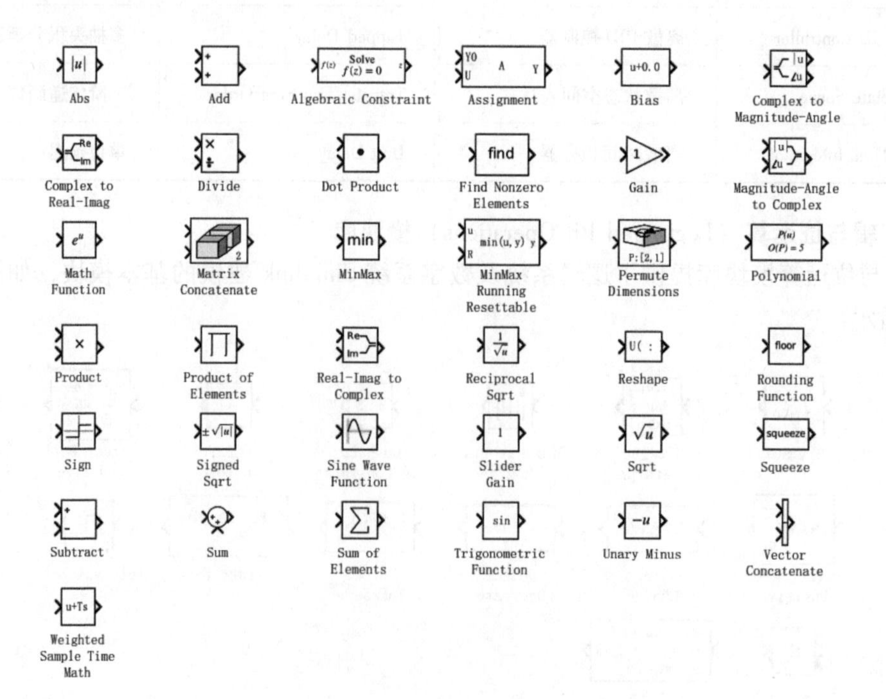

图 1-37　数学运算模块库

表 1-19 数学运算模块库的标准模块及其功能

模块名	功能	模块名	功能
Abs	绝对值	Polynomial	多项式求值
Add	求和	Product	乘法
Algebraic Constraint	代数约束模块	Real-Imag to Complex	将实部虚部表示为复数
Assignment	将输入信号抑制为零	Reciprocal Sqrt	正负根号值函数
Bias	偏移	Reshape	改变输入维数
Complex to Magnitude-Angle	将复数表示为幅值相角	Rounding Function	圆整函数
Complex to Real-Imag	将复数表示为实部虚部	Sign	符号运算
Divide	除法	Signed Sqrt	无复数根号函数
Dot Product	点乘	Sine Wave Function	正弦函数运算
Find Nonzero Elements	找出非零元素	Slider Gain	滑块增益
Gain	增益	Sqrt	开方
Magnitude-Angle to Complex	转换幅值相角为复数	Squeeze	稀疏矩阵
Math Function	数学函数	Subtract	减法
Matrix Concatenate	矩阵串联	Sum	求和
MinMax	最大最小模块	Trigonometric Function	三角函数运算
Permute Dimensions	序列维数	Unary Minus	一元减法

7. 接收（Sinks）模块库

接收模块库将仿真结果在设备元件上输出，即输出模块，如图 1-38 和表 1-20 所示。

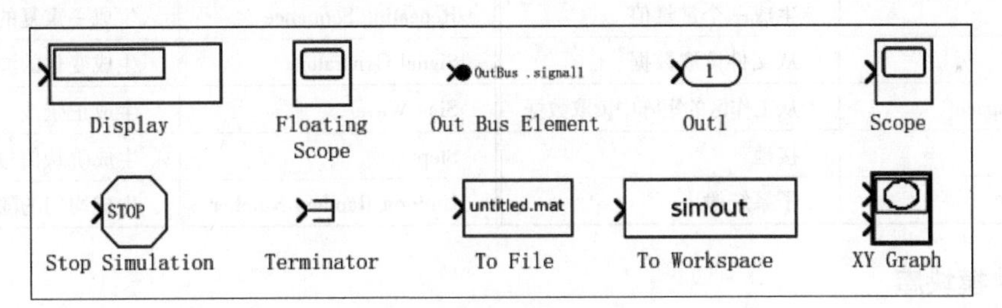

图 1-38 接收模块库

表 1-20 接收模块库的标准模块及其功能

模块名	功能	模块名	功能
Display	实时显示输出值	Stop Simulation	当输入非零时停止仿真
Floating Scope	浮动示波器	Terminator	将未连接的输出端口作为终端
Out Bus Element	连接到 Out 模块的 Bus Creator 模块	To File	输出到文件
Out1	输出到子系统的输出端口或外部输出端口	To Workspace	输出到工作区
Scope	输出到示波器	XY Graph	输出到 XY 坐标图

8. 信号源（Sources）模块库

信号源模块库为仿真提供各种信号源，即输入模块，如图 1-39 和表 1-21 所示。

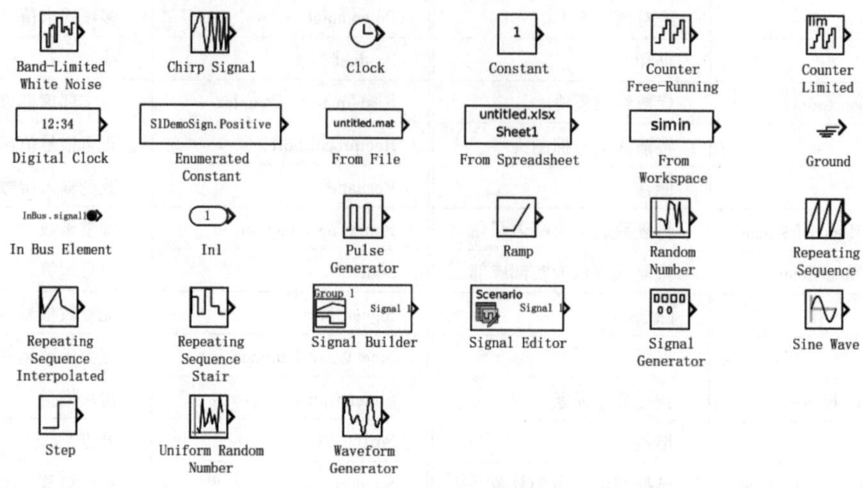

图 1-39　信号源模块库

表 1-21　信号源模块库的标准模块及其功能

模块名	功能	模块名	功能
Band-Limited White Noise	带限白噪声	Pules Generator	生成有着规则间隔的脉冲
Chirp Signal	产生一个频率递增的正弦波	Ramp	生成一连续递增或递减的信号
Clock	提供仿真时钟	Random Number	生成正态分布的随机数
Constant	生成一个常量值	Repeating Sequence	生成一重复的任意信号
From File	从文件读取数据	Signal Generator	生成变化的波形
From Workspace	从工作区的矩阵中读取数据	Sine Wave	生成正弦波
Ground	接地	Step	生成阶跃信号
In1	子系统输入	Uniform Random Number	生成均匀的随机数

9. 其他模块库

限于篇幅，模型验证库、端口与子系统、信号属性、信号路径、用户定义函数模块库可查阅相关资料。

1.6.3　Simulink 基本操作

1. 模块的编辑

（1）选取模块

当在模块库中选中某个模块时，单击模块；在模块周边用蓝色框填充显示选中时，可对该模块进行操作。如果在 Simulink 仿真操作环境下，选中多个模块，可以按下 Shift 键，用鼠标单击模块即可；或者直接用鼠标在仿真操作环境画框，被选中的模块周边用蓝色框显示，如图 1-40 所示，这时模块之间的连线也用蓝色框显示被选中。

对于图 1-40 所示的三个模块，第一个模块的左侧和右侧都有符号>，这表明信号传递的方向是从左向右；第二个模块只有右侧有符号>，这表明信号只能从此输出，只能做信号源用；第三个模块只有左侧有符号>，这表明只能接收信号，只能做接收模块。

图1-40 选取模块操作

（2）复制、删除模块

在模块库中选取模块后，可以直接用鼠标左键拖拽至仿真操作环境中，释放模块，该模块就放置在该窗口下；或者，在模块库中选中某个模块时，单击鼠标右键，直接把模块添加到窗口下。如果在仿真操作窗口下选中模块后，可直接用快捷键Ctrl+C和Ctrl+V复制模块。或者，用鼠标右键在弹出菜单中单击Copy和Paste，快速实现该操作。

在仿真操作窗口下，每个模块都有命名，在复制操作后，命名在原有名称上序号递增，如Step、Step1、Step2。

选中模块，按Delete键即可删除选中模块。若要删除多个模块，可以同时按住Shift键，再用鼠标选中多个模块，按Delete键即可。也可以用鼠标选取某区域，再按Delete键就可以把该区域中的所有模块和连线等全部删除。或者，用鼠标右键在弹出菜单中单击Delete或Cut，快速实现该操作。

（3）模块外形调整

在仿真操作窗口选中模块后，将鼠标移动至外框的四个角时，鼠标变成可移动模式，此时单击鼠标左键，可以调整模块的大小。

为了能够顺序连接功能模块的输入端和输出端，功能模块有时需要转向。选中模块，用鼠标右键在弹出菜单中单击Rotate & Flip，如图1-41所示，模块可以顺时针方向或逆时针方向旋转90°，也可以选择Flip Block旋转180°。

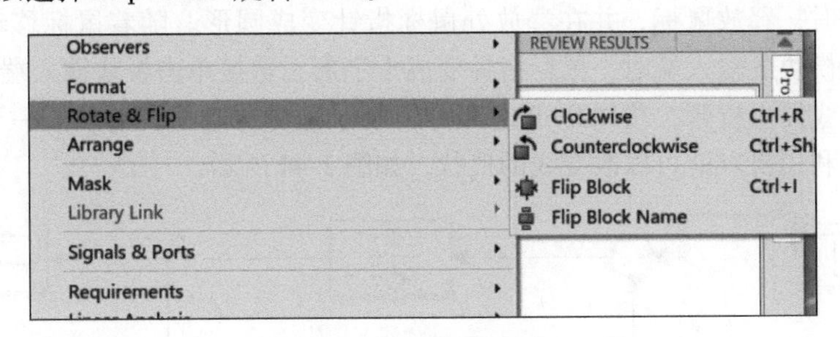

图1-41 模块旋转操作

（4）模块名的处理

在仿真操作窗口中，每个模块都有名称，表示该模块的作用，可以在名称处单击修改。如果想隐藏名称，选中模块，用鼠标右键在弹出菜单中单击Rotate & Flip中的Flip Block Name，便可隐藏，如图1-41所示。

随着模块方向调整，名称位置也将发生变化。当模块左右放置时，名称默认在下侧；当模块上下放置时，名称默认在左侧。可以通过鼠标右键在弹出菜单中单击Format中的Show Block Name选择是否显示名称或Auto，如图1-42所示。

2. 模块的连接

（1）连线

根据仿真系统框图，用鼠标单击并移动所需功能模块到合适的位置，将鼠标移到有关功

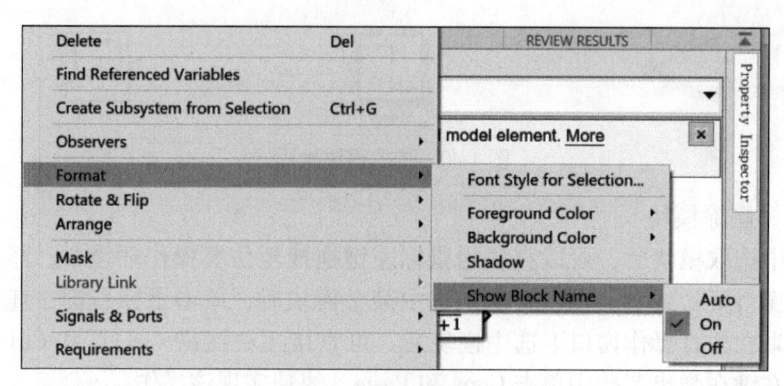

图 1-42 模块显示操作

能模块的输出端，鼠标指针会变成十字形，选中该输出端并移动鼠标到另一个功能模块的输入端，移动时出现虚线，如图 1-43a 所示；到达所需输入端时，释放鼠标左键，相应的连线出现，表示该连接已完成，如图 1-43b 所示；重复以上的连接过程，直到完成全部模块连接，组成仿真系统。模块之间的连线是信号线，箭头表示信号流向。

图 1-43 模块连线操作

（2）分支

按住 Ctrl 键，并在要建立分支的地方用鼠标拉出，鼠标指针即变成十字形并移动连线。当连线需要转弯时，释放鼠标，并在释放处鼠标指针变成圆形。随着鼠标移动连线继续，在靠近下一个功能模块的输入端时，鼠标指针变成十字形，直接单击模块输入端连线即可完成。

如果需要连线发生折弯，按住 Shift 键，再用鼠标在要折弯的线处单击一下，就会出现圆圈，表示折点，利用折点就可以改变线的形状，如图 1-44 所示。

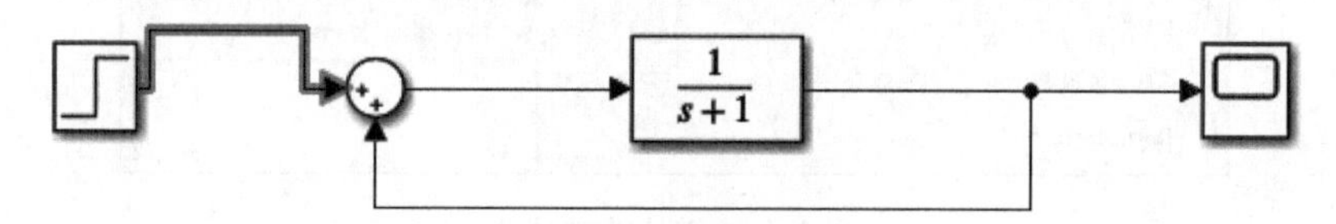

图 1-44 连线折弯操作

3. 模块的参数设置

Simulink 仿真操作环境中的大部分模块都需要进行模块参数设置，只要用鼠标双击要设置的模块，或者单击鼠标右键选 Block Parameters 便打开模块参数对话框。一般地，对话框分为两部分：上面一部分是模块功能说明；下面一部分是模块参数设置，参数设置根据系统建模来设定。图 1-45a 所示为 Step 模块参数设置对话框，修改终值为 3；图 1-45b 所示为 Transfer Fcn 模块参数设置对话框，修改分母系数为［1 2 4］。这样修改了框图中的 Sum 模块。修改模块参数后的 Simulink 系统仿真框图删除如图 1-46 所示。

4. 仿真参数设置

在仿真环境下，单击鼠标右键在弹出菜单中选择 Model Configuration Parameters 或用快捷键 Ctrl+E 打开仿真参数设置对话框，对系统仿真参数进行设置，如图 1-47 所示。

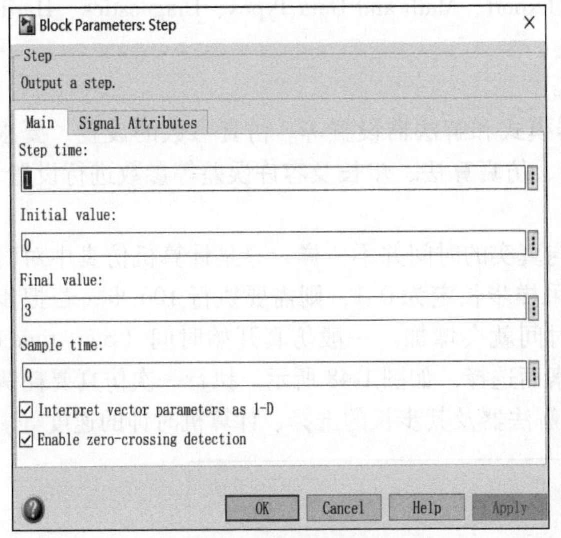

a) Step模块参数设置对话框

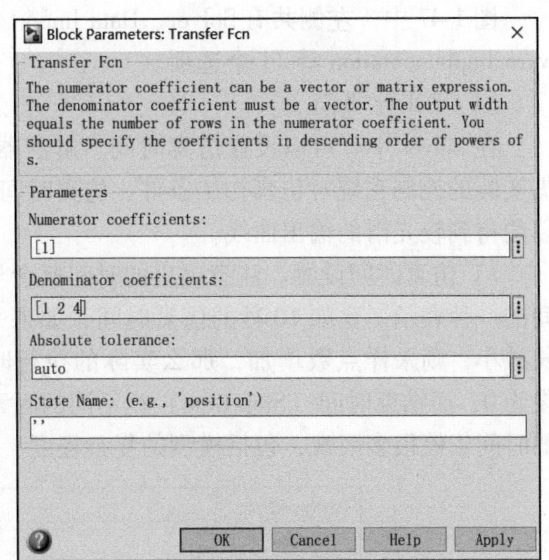

b) Transfer Fcn模块参数设置对话框

图 1-45　模块参数设置对话框

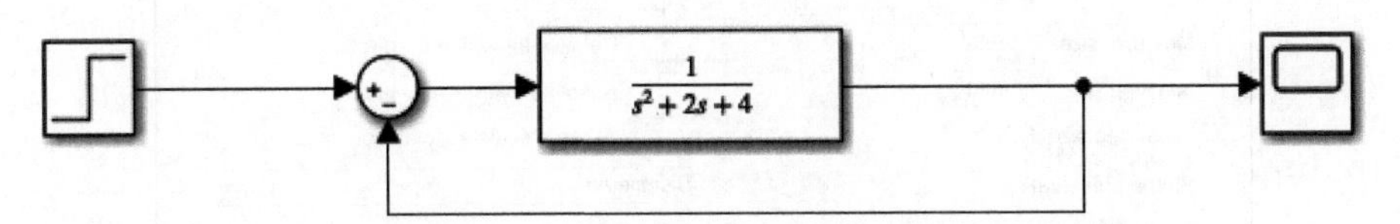

图 1-46　修改模块参数后的 Simulink 系统仿真框图删除

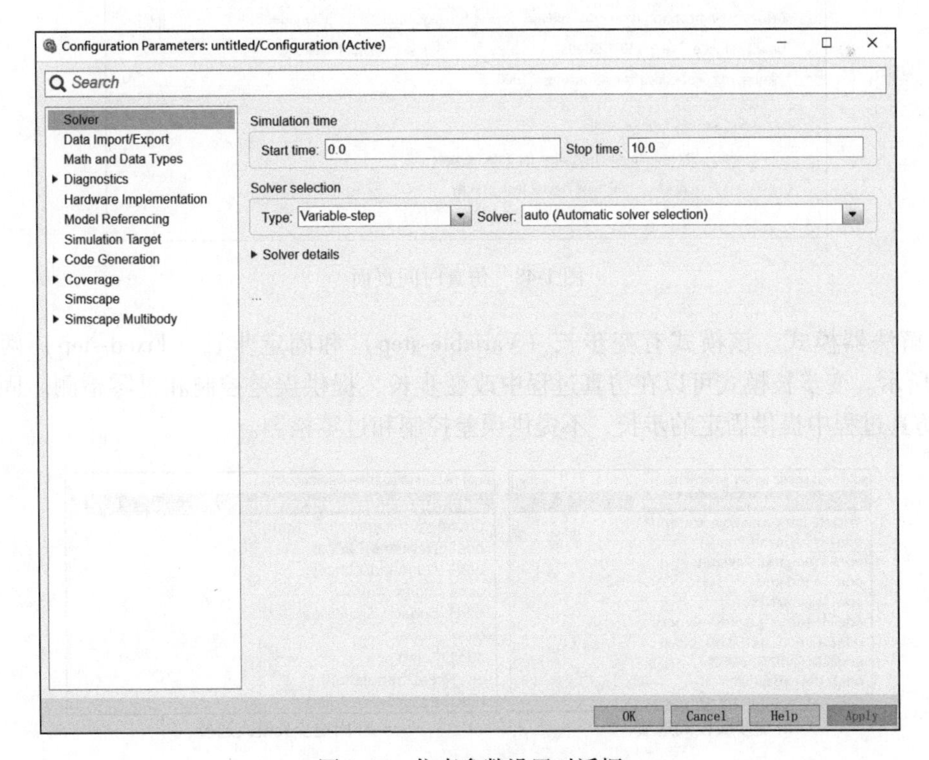

图 1-47　仿真参数设置对话框

图 1-47 中，左侧共有 Solver、Data Import/Export、Math and Data Types、Diagnostics、Hardware Implementation 等 11 个选项。

（1）Solver 页面

在 Solver 中，可以设置仿真时间、解法器模式和解法器设置等。仿真参数的设置，要根据实际的控制系统对仿真初始条件、仿真时间、仿真算法、步长及容许误差等参数进行设置，以便得到较光滑的输出曲线。

1）仿真时间设置。注意这里的时间概念与真实的时间并不一样，只是计算机仿真中对时间的一种表示。比如 10 秒的仿真时间，如果采样步长定为 0.1，则需要执行 100 步，若把步长减小，则采样点数增加，那么实际的执行时间就会增加。一般仿真开始时间（Start time）设为 0，而结束时间（Stop time）视不同的因素而选择，如图 1-48 所示。执行一次仿真要耗费的时间依赖很多因素，包括模型的复杂程度、解法器及其步长的选择、计算机时钟的速度等。

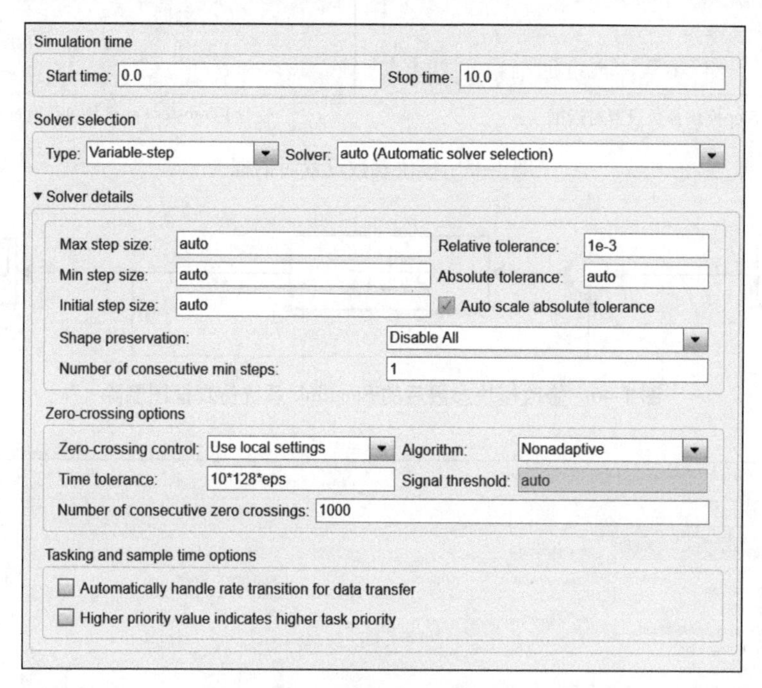

图 1-48　仿真时间页面

2）解法器模式。该模式有变步长（Variable-step）和固定步长（Fixed-step）两种，如图 1-49 所示。变步长模式可以在仿真过程中改变步长，提供误差控制和过零检测。固定步长模式在仿真过程中提供固定的步长，不提供误差控制和过零检测。

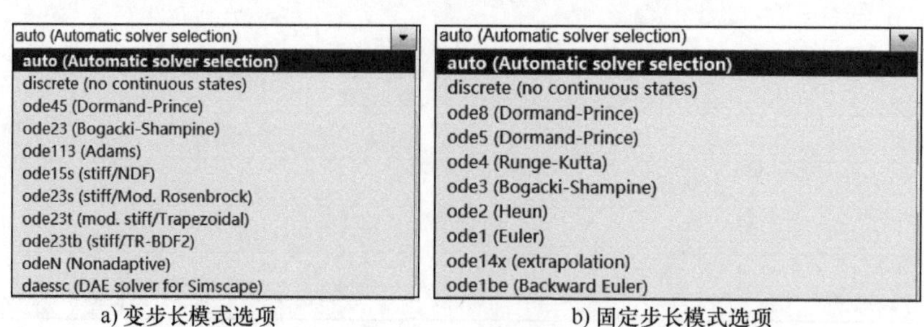

a) 变步长模式选项　　b) 固定步长模式选项

图 1-49　解法器页面

变步长模式解法器有 ode45、ode23、ode113、ode15s、ode23s、ode23t、ode23tb 和 discrete。

① ode45，使用四/五阶龙格库塔法（Runge-Kutta method），适用于大多数连续或离散系统，但不适用于刚性系统。它是一种单步解法器，在计算 $y(t_n)$ 时，仅需要最近处理时刻的结果 $y(t_n-1)$。一般来说，面对一个仿真问题最好是首先试试 ode45。

② ode23，使用二/三阶龙格库塔法。它在误差限要求不高和求解的问题不太难的情况下，可能会比 ode45 更有效。它也是一种单步解法器。

③ ode113，是一种阶数可变的解法器。在误差容许要求严格的情况下，它通常比 ode45 有效。ode113 是一种多步解法器，在计算当前时刻输出时，需要以前多个时刻的解。

④ ode15s，是一种基于数字微分公式的解法器。它也是一种多步解法器。

⑤ ode23s，是一种单步解法器，专门应用于刚性系统。它能解决某些 ode15s 所不能有效解决的 stiff 问题。

⑥ ode23t，是梯形规则的一种自由插值实现。

⑦ ode23tb，是 TR-BDF2 的一种实现。TR-BDF2 是具有两个阶段的隐式龙格库塔公式。

⑧ discrete，当 Simulink 检查到模型没有连续状态时使用。

固定步长模式解法器有 ode8、ode5、ode4、ode3、ode2、ode1、ode14 和 discrete。

① ode8，使用八阶 Dormand-Prince 公式。

② ode5，使用五阶 Dormand-Prince 公式，适用于大多数连续或离散系统，不适用于刚性系统。

③ ode4，使用四阶龙格库塔法，具有一定的计算精度。

④ ode3，使用固定步长的二/三阶龙格库塔法。

⑤ ode2，使用改进的欧拉法。

⑥ ode1，使用欧拉法。

⑦ ode14，表示固定步长的隐式外推法。

⑧ discrete，是一个实现积分的固定步长解法器，适用于离散无连续状态的系统。

3）解法器设置。

① Max step size，设置最大步长参数，决定解法器能够使用的最大时间步长。其默认值为仿真时间/50，即仿真过程至少取 50 个取样点。

② Min step size，设置最小步长参数，用来规定变步长仿真时使用的最小步长。

③ Relative tolerance，设置相对误差，指误差相对于状态的值，是一个百分比。其默认值为 1×10^{-3}，表示状态计算值要精确到 0.1%。

④ Absolute tolerance，设置绝对误差，表示误差值的门限，或者在状态值为零情况下可以接收的误差。

⑤ Initial step size，设置初始步长参数，一般建议使用 auto 默认值。

⑥ Zero-crossing control，设置过零点控制，用来检查仿真系统的非连续。

（2）Data Import/Export 页面

在该页面可以管理输入输出数据与工作区的交互，如图 1-50 所示。

1）Load from workspace，从工作区加载变量。Input，从 MATLAB 工作区获取时间和输入变量，一般时间变量为 t，输入变量为 u。Initial state，定义从 MATLAB 工作区获得状态的初始值的变量名。

2）Save to workspace or file，设置存在 MATLAB 工作区的变量类型和变量名。选中变量类型前的复选框使相应的变量有效。一般保存工作区的变量，包括输出时间向量（Time）、状态向量（States）和输出变量（Output）。

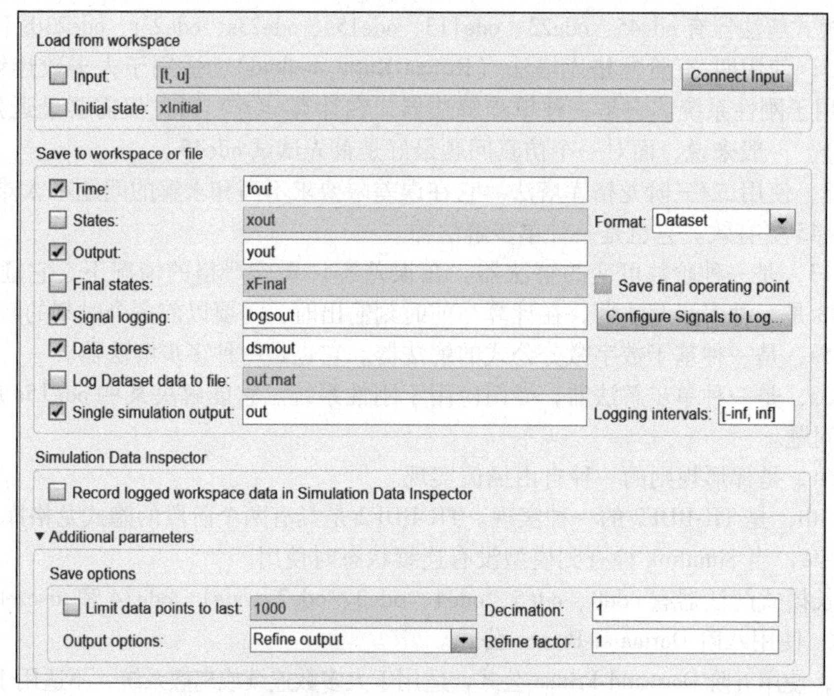

图 1-50　数据输入输出（Data Import/Export）页面

3）Format，说明返回数据的格式，包括数组（Array）、结构体（Structure）、带时间的结构体（Structure with time）、数据集（Dataset）。

4）Save options，指定输出存储的格式和限制保存输出的数量。

（3）Diagnostics 页面（见图 1-51）

Solver 诊断主要列举了一些常见的事件类型，以及当 Simulink 检查到这些事件时给予的处理，主要包括检测到代数环、模块优先级指定错误、最小仿真步长冲突、连续过零数超出指定的最大值、状态名冲突等。

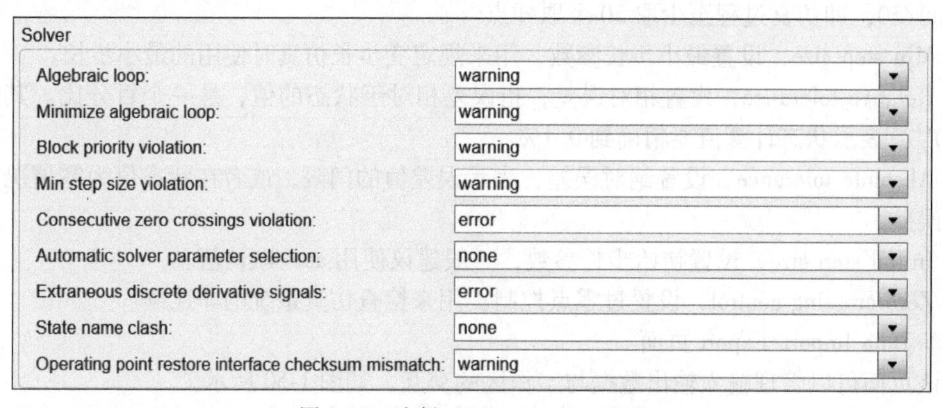

图 1-51　诊断（Diagnostics）页面

除了检测与求解器和求解器设置有关的问题参数外，还要对采样时间、数据有效性、类型转换、模块连接、兼容性、状态流等做出诊断。

5. 启动仿真

1）将图 1-46 所示系统的仿真模型保存为 exam1. mdl，也可保存成 * . slx 格式。mdl 格式文件是文本文件，适用于老版本的 MATLAB。slx 格式文件是二进制文件，适用于新版本的 MATLAB。

2）设置仿真参数和选择解法器之后，选择工具条上的按钮 Run 启动仿真。

3）除了直接在 Simulink 环境下启动仿真外，还可以在 MATLAB 命令窗口中，利用 sim 命令语句来仿真系统，格式为

SimOut = sim（'model'，Parameters）

Parameters 可以是参数名称-值对组列表、包含参数设置的结构体或配置集。例如以下格式：
SimOut = sim（'model'，'SimulationMode'，'rapid'，'AbsTol'，'1e-5'，'ReturnWorkspaceOutputs'，'on'）
其中，SimOut 是一个 Simulink. SimulationOutput 对象，包含了仿真的输出，仿真采样时间，状态值和信号值。

6. 仿真分析

1）利用示波器模块 Scope 得到结果。当用示波器模块作为接收器时，仿真曲线会从示波器上实时地显示出来。

2）采用外部命令 sim 进行仿真，仿真数据保存到工作区 SimOut 变量结构中，需要使用输出接口模块 Out1 得到输出结果，可以对数据进行分析，也可以直观地将曲线绘制出来。

为了对仿真结果进行比较，这里添加了输出接口模块 Out1，如图 1-52 所示。启动仿真，并查看示波器的仿真曲线，如图 1-53 所示。

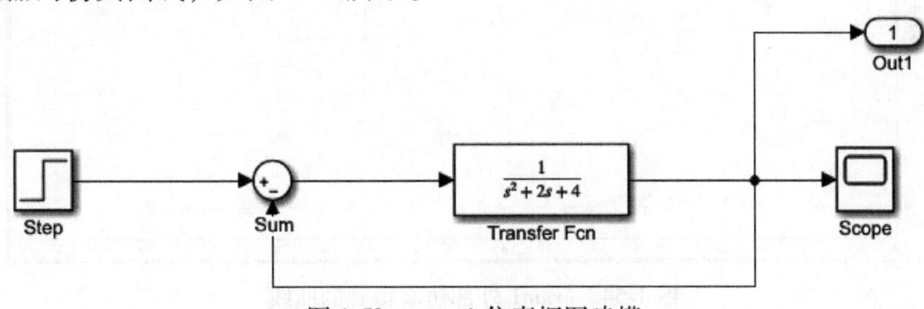

图 1-52　exam1 仿真框图建模

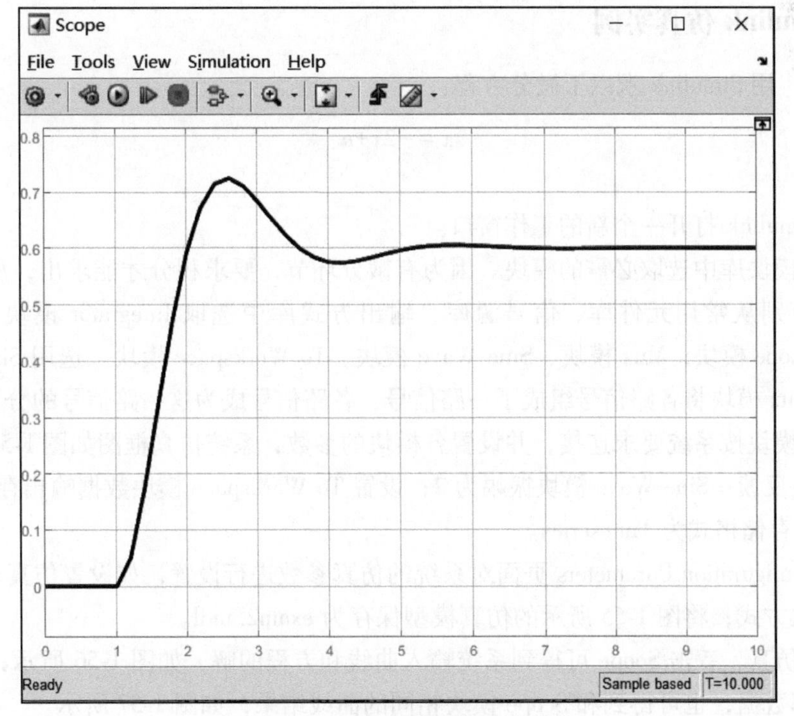

图 1-53　exam1 示波器的仿真曲线

如果采用外部命令 sim 进行仿真，在 MATLAB 命令窗口键入：

≫simout = sim ('exam1. mdl');

仿真结果保存至工作区 Out1 变量中，通过绘图命令将绘制仿真结果曲线，如图 1-54 所示。对比两曲线，稳态值及过程暂态（超调量、上升时间、过渡过程时间）完全相同。

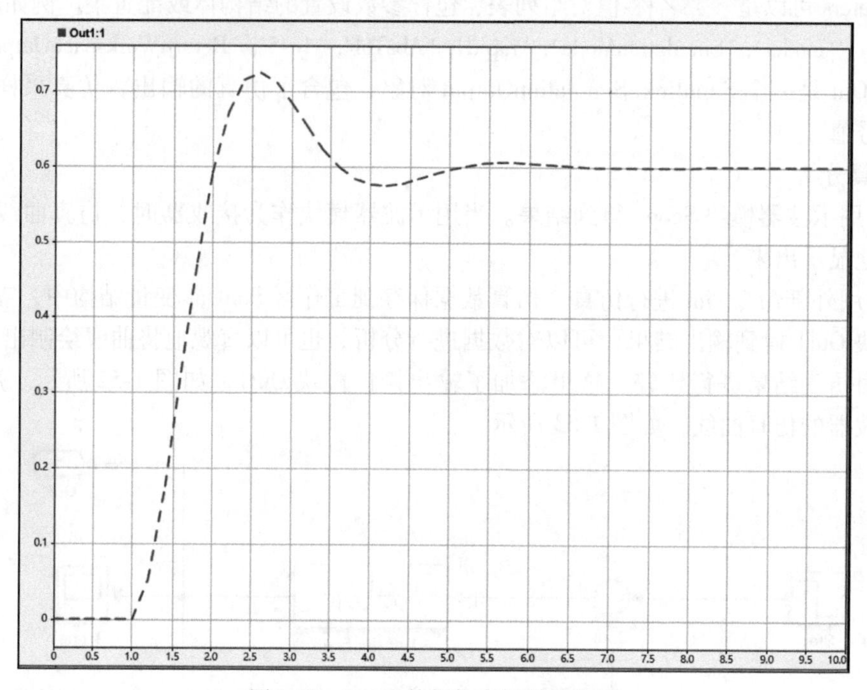

图 1-54　exam1 外部仿真得到的曲线

1.6.4 Simulink 仿真实例

【例 17】 用 Simulink 求以下微分方程：

$$\dot{x}=-2x+u$$

解：

1）在 Simulink 打开一个新的工作窗口。

2）在子模块库中选取必需的模块。因为有微分环节，要求积分才能求出，所以引入积分器。依此，分别从常用元件库、信号源库、输出方式库中选取 Integrator 模块、Gain 模块、Sum 模块、Scope 模块，Mux 模块、Sine Wave 模块、To Workspace 模块。选用 Sine Wave 模块作为输入。Mux 模块将各路信号组成了一路信号，各路信号成为这一路信号的分量。

3）将各模块按系统要求连接，并设置各模块的参数，系统仿真框图如图 1-55 所示。设置 Sum 模块为负反馈；Sine Wave 模块振幅为 2；设置 To Workspace 模块数据输出存储到工作区，名为 simout，存储格式为 Timeseries。

4）在 Configuration Parameters 页面对系统的仿真参数进行设置，如设置仿真时间为 10 秒，算法选择默认方式；将图 1-55 所示的仿真模型保存为 exam2. mdl。

5）启动仿真，双击 Scope 可得到系统输入曲线和方程的解，如图 1-56 所示；通过保存至工作区的外部数据，也可得到和 Scope 模块相同的曲线结果，如图 1-57 所示。

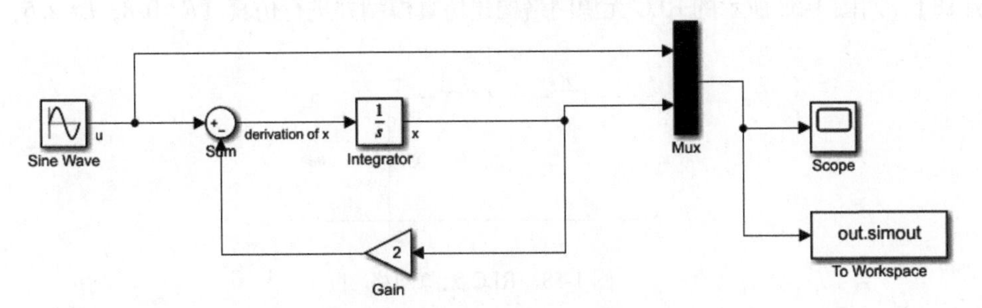

图 1-55　例 17 的仿真框图建模

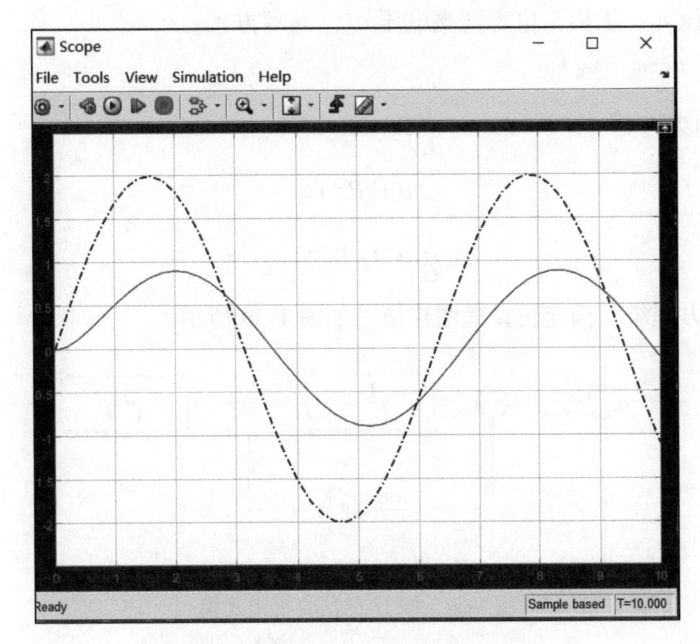

图 1-56　例 17 的示波器仿真曲线

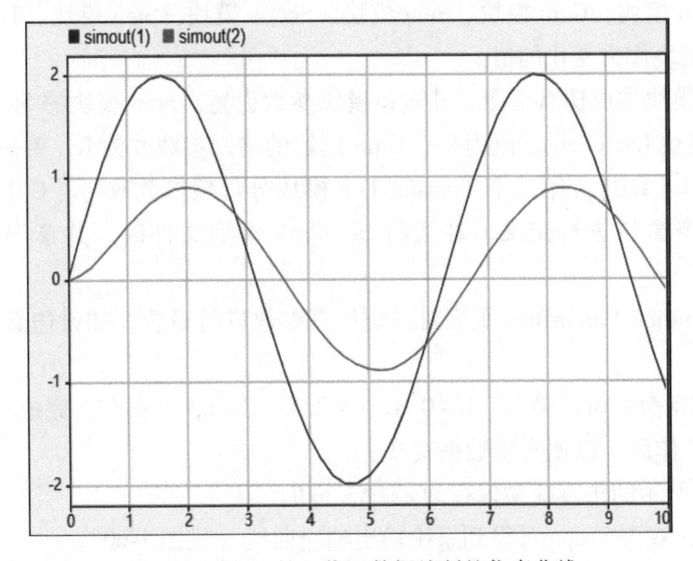

图 1-57　例 17 的工作区数据绘制的仿真曲线

【例 18】 对图 1-58 所示的 RLC 无源网络构建仿真模型并进行仿真（$R=0.8$，$L=2.5$，$C=1$）：

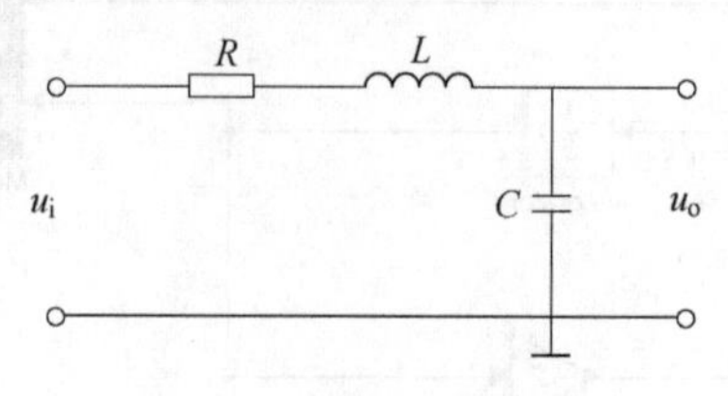

图 1-58 RLC 无源网络

解：

1）输入为电压 u_i，输出为电容两端电压 u_C，列写方程。

对于回路，有 $u_i-u_C=u_R+u_L$

对于元件，约束为

$$\frac{1}{L}\int u_L \mathrm{d}t = i(t)$$

$$i(t)R=u_R$$

$$\frac{1}{C}\int i(t)\mathrm{d}t = u_C$$

2）根据以上方程组，构建仿真框图建模，如图 1-59 所示。

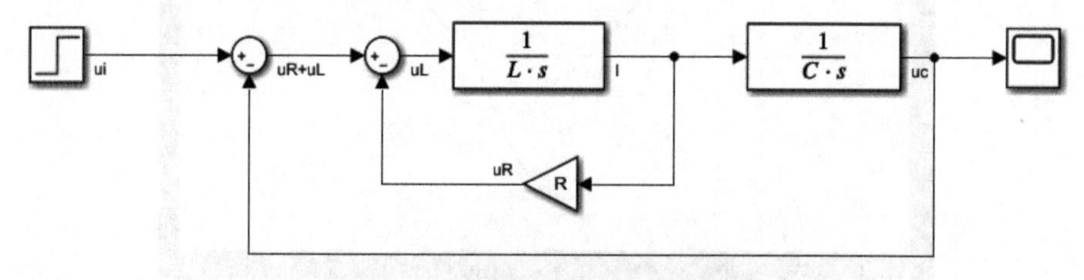

图 1-59 例 18 的仿真框图建模

3）在 Simulink 子模块库中选取必需的模块，分别从常用元件库、信号源库、输出方式库中选取 Transfer Fcn 模块、Gain 模块、Sum 模块、Scope 模块，Step 模块、To Workspace 模块。并且，选用 Step 模块作为变化的值。

4）连接以上模块构成仿真框图，并进行模块参数设置。Step 模块的 Step time 为 0，Final value 为 1。Sum 模块 List of signs 改为+-。Gain 模块的输入参数改为 R，第一个 Transfer Fcn 模块分母项参数改为［L 0］，第二个 Transfer Fcn 模块分母项参数改为［C 0］，元件的参数可以在 MATLAB 命令窗口进行定义，在运行 Simulink 模型文件时，共享 MATLAB 工作区的变量。

5）在 Configuration Parameters 页面对系统仿真参数进行设置，如设仿真时间为 30 秒，算法选择默认方式。

6）在 MATLAB 命令窗口输入，R=0.8、L=2.5、C=1，并回车，完成对元件参数定义且存储于 MATLAB 工作区，以便实现数据交换。

7）将图 1-59 所示的仿真模型保存为 exam3. mdl。

8）启动仿真，双击 Scope 可得到系统输出响应曲线（见图 1-60）。

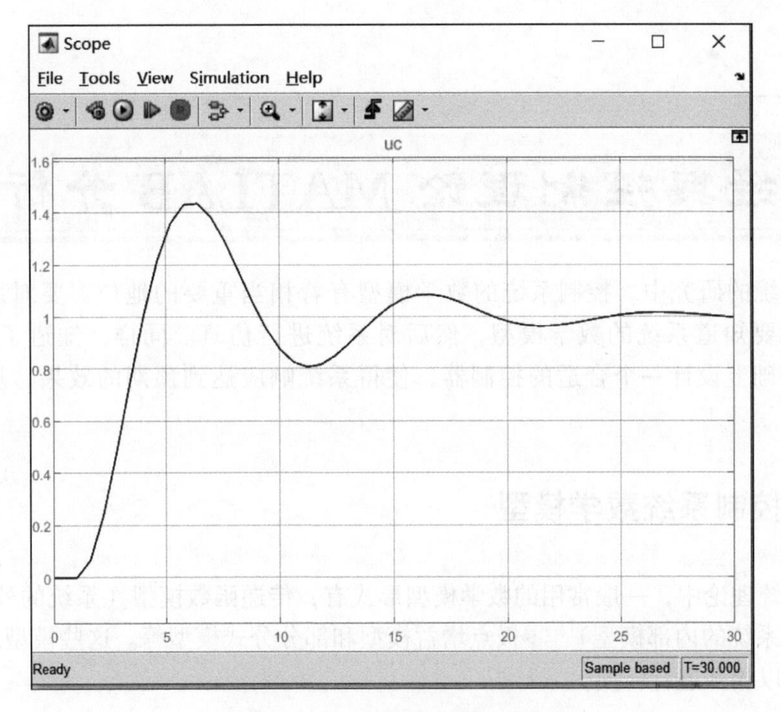

图 1-60　例 18 的示波器的仿真曲线

第 2 章

经典控制理论 MATLAB 分析

在控制系统的研究中，控制系统的数学模型有着相当重要的地位。要对系统进行仿真处理，首先需要知道系统的数学模型，然后对系统进行仿真。同样，知道了系统的模型，才可以在此基础上设计一个合适的控制器，使得系统响应达到预期的效果，从而符合工程实际的需要。

2.1 经典控制系统数学模型

在线性系统理论中，一般常用的数学模型形式有，传递函数模型（系统的外部模型）、状态方程模型（系统的内部模型）、零极点增益模型和部分分式模型等。这些模型之间都有着内在的联系，可以相互进行转换。

2.1.1 数学模型的 MATLAB 指令

1. 微分方程模型

微分方程是控制系统模型的基础。一般来讲，利用机械学、电学、力学等物理规律，便可以得到控制系统的动态方程。对于线性定常连续系统，这些方程是常系数的线性微分方程。

$$a_n\frac{\mathrm{d}^n y}{\mathrm{d}t^n}+a_{n-1}\frac{\mathrm{d}^{n-1} y}{\mathrm{d}t^{n-1}}+\cdots+a_1\frac{\mathrm{d}y}{\mathrm{d}t}+a_0 y=b_m\frac{\mathrm{d}^m u}{\mathrm{d}t^m}+b_{m-1}\frac{\mathrm{d}^{m-1} u}{\mathrm{d}t^{m-1}}+\cdots+b_1\frac{\mathrm{d}u}{\mathrm{d}t}+b_0 u \tag{2-1}$$

如果已知输入量及变量的初始条件，对微分方程进行求解，就可以得到系统输出量的表达式，并由此对系统进行性能分析。

（1）diff 函数

功能：对函数求导。

格式：diff(fun,x,n)。

说明：函数 fun 对 x 求 n 阶导数。

【例 1】 $f(x)=\mathrm{e}^{-x}\sin(x)$，求 $\mathrm{d}^2 f/\mathrm{d}x^2$。

解：程序为

```
>>syms x;                    % 定义 x 符号变量
>>f=exp(-x)*sin(x);          % 定义函数 f
>>f1=diff(f,x,2);            % 函数 fun 对 x 求 2 阶导数
>>f1
f1=
    -2*exp(-x)*cos(x)
```

（2）dslove 函数

功能：对微分方程求解。

格式：[y1,y2,…] = dslove('f1','f2',…,'cond1','cond2',…)。

说明：在初始条件下，求微分方程的解。

【例 2】 RC 滤波电路如图 2-1 所示，输入电压信号 $u_i(t)=5V$，电容的初始电压分别为 0V 和 1V 时，分别求时间解 $u_c(t)$。

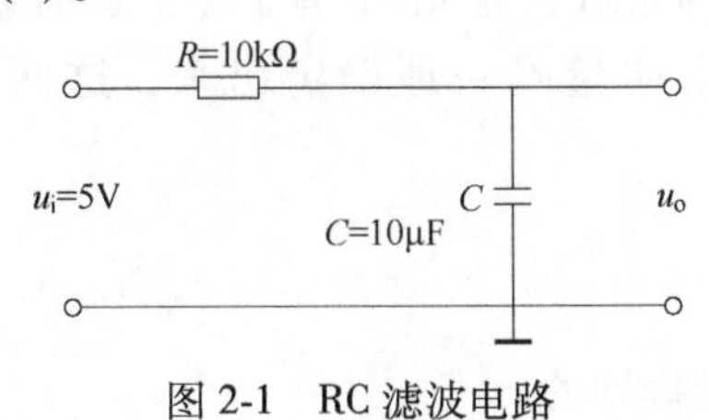

图 2-1　RC 滤波电路

解：RC 滤波电路的微分方程为

$$RC\frac{du_c(t)}{dt}+u_c(t)=u_i(t)$$

将 $R=10k\Omega$、$C=10\mu F$、$u_i=5V$ 代入，可得 $0.1\times\frac{du_c(t)}{dt}+u_c(t)=5$

程序为

```
>>y1=dsolve('0.1*Dc+c=5','c(0)=1')% 电容的初始电压 1V 时,微分方程的解
y1=
5-4*exp(-10*t)
>>y2=dsolve('0.1*Dc+c=5','c(0)=0')% 电容的初始电压 0V 时,微分方程的解
y2=
5-5*exp(-10*t)
```

其输出响应如图 2-2 所示。

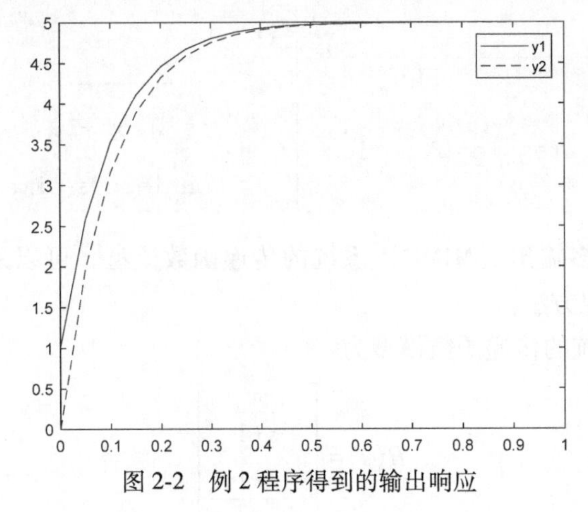

图 2-2　例 2 程序得到的输出响应

2. 传递函数模型

tf 函数

功能：建立系统的传递函数模型。

格式：sys=tf(num,den)。

说明：假设系统是单输入单输出系统（SISO），其输入输出分别用 $u(t)$、$y(t)$ 来表示，并且系统的初始条件为零，则由线性微分方程得到线性系统的传递函数模型，即

$$G(s)=\frac{Y(s)}{U(s)}=\frac{b_m s^m+b_{m-1}s^{m-1}+\cdots+b_1 s+b_0}{a_n s^n+a_{n-1}s^{n-1}+\cdots+a_1 s+a_0}\quad m\leqslant n \tag{2-2}$$

对线性定常系统，式中的 s 均为常数，且 a_n 不等于零。这时系统在 MATLAB 中可以方便地由分子和分母系数构成的两个向量唯一地确定出来，这两个向量分别用 num 和 den 表示，即

num=$[b_m, b_{m-1}, \cdots, b_1, b_0]$

den=$[a_n, a_{n-1}, \cdots, a_1, a_0]$

注意，它们都是按 s 的降幂进行排列的。

在 MATLAB 中建立传递函数模型的另一种方法：使用 tf 函数定义拉普拉斯变量 s，然后根据模型［如式（2-2）］直接输入，即建立了系统的传递函数模型。

【例 3】 已知系统的传递函数为

$$G(s)=\frac{s+1}{s^2+3s+19}$$

在 MATLAB 中试建立该系统的传递函数模型。

解：程序为

```
% 方法 1:直接用函数 tf
>>n=[1 1];        % 定义分子多项式
>>d=[1 3 19];     % 定义分母多项式
>>H=tf(n,d)       % 用 tf 函数定义
H=
      s+1
  --------------
  s^2+3s+19

Continuous-time transfer function.
```

```
% 方法 2:定义拉普拉斯变量 s
>>s=tf('s');                          % 创建传递函数变量 s
>>h=(s+1)/(s^2+3*s+19)    % 直接用变量 s 输入
h=

      s+1
  --------------
  s^2+3s+19
Continuous-time transfer function.
```

如果要建立多输入多输出（MIMO）系统的传递函数模型，可以采用串联单输入单输出（SISO）系统和单元数组方法。

【例 4】 一复杂系统的传递函数模型为

$$H(s)=\begin{bmatrix}\dfrac{s}{s+1}\\[2ex]\dfrac{s-1}{s^2-2s+7}\end{bmatrix}$$

在 MATLAB 中试建立该系统的传递函数模型。

解：程序为

```
% 方法 1:串联 SISO 系统
>>clear
>>h1=tf([1 0],[1 1]);
>>h2=tf([1-1],[1-2 7]);
>>H=[h1;h2]

H=

  From input to output…
       s
  1:  -----
      s+1

          s-1
  2:  ------------
      s^2-2s+7

Continuous-time transfer function.
```

```
% 方法 2:单元数组
>>N={[1 0];[1-1]};
>>D={[1 1];[1-2 7]};
>>h=tf(N,D)

h=

  From input to output…
       s
  1:  -----
      s+1

          s-1
  2:  ------------
      s^2-2s+7

Continuous-time transfer function.
```

无论是方法 1 还是方法 2，得出的结果相同。

3. 零极点增益模型

zpk 函数

功能：建立系统的零极点增益模型。

格式：sys=zpk(z,p,k)。

说明：零极点增益模型实际上是传递函数模型的另一种表现形式。其原理是分别对原系统传递函数的分子、分母进行分解因式，获得系统的零点和极点的表示形式，即线性系统的零极点增益模型，有

$$G(s)=k\frac{(s-z_1)(s-z_2)\cdots(s-z_m)}{(s-p_1)(s-p_2)\cdots(s-p_n)}\qquad m\leqslant n \tag{2-3}$$

式中，k 为系统增益；z_i 为零点；p_j 为极点。

在 MATLAB 中，零极点增益模型用［z,p,k］矢量组表示，即

$$\mathrm{z}=[\mathrm{z}_1;\mathrm{z}_2;\cdots;\mathrm{z}_\mathrm{m}]$$
$$\mathrm{p}=[\mathrm{p}_1;\mathrm{p}_2;\cdots;\mathrm{p}_\mathrm{n}]$$
$$\mathrm{k}=[\mathrm{k}]$$

在 MATLAB 中建立传递函数模型的另一种方法：使用 zpk 函数定义拉普拉斯变量 s，然后根据模型［如式（2-3）］直接输入，建立系统的零极点增益模型。

【例 5】 SISO 系统的零极点增益模型为

$$H(s)=2\frac{s-1}{(s-(1+\mathrm{i}))(s-(1-\mathrm{i}))}$$

在 MATLAB 中试建立该系统的零极点增益模型。

解：程序为

```
% 方法 1:直接用函数 zpk
>>z=1;p=[1+i 1-i];k=2;
>>h=zpk(z,p,k)

h=
    2(s-1)
  --------------
  (s^2-2s+2)

Continuous-time  zero/pole/gain
model.
```

```
% 方法 2:定义拉普拉斯变量 s
>>s=zpk('s');
>>H=2*(s-1)/((s-(1+i))*(s-(1-i)))

H=
    2(s-1)
  --------------
  (s^2-2s+2)

Continuous-time  zero/pole/gain
model.
```

如果要建立 MIMO 系统的零极点增益模型，可以采用串联的 SISO 系统和单元数组方法。

【例 6】 一复杂系统的传递函数模型为

$$H(s)=\begin{bmatrix}\dfrac{s-1}{s+1} & 0\\ \dfrac{-1}{s} & \dfrac{s}{(s-1)(s-2)}\end{bmatrix}$$

在 MATLAB 中试建立该系统的零极点增益模型。

解：程序为

```
% 方法 1:串联 SISO 系统
>>clear
>>h11=zpk(1,-1,1);
>>h12=zpk([],[],0);
>>h21=zpk([],0,-1);
>>h22=zpk(0,[1,2],1);
>>H=[h11,h12;h21,h22]
H=
  From input 1 to output…
      (s-1)
  1:  -----
      (s+1)

      -1
  2:  --
       s

  From input 2 to output…
  1:  0
```

```
% 方法 2:单元数组
>>z={1,[];[],0};
>>p={-1,[];0,[1,2]};
>>k=[1,0;-1,1];
>>h=zpk(z,p,k)

h=

  From input 1 to output…
      (s-1)
  1:  -----
      (s+1)

      -1
  2:  --
       s

  From input 2 to output…
  1:  0
```

``
            s
   2: -----------
        (s-1)(s-2)
 	
    Continuous-time zero/pole/gain
model.
``
	``
	            s
	   2: -----------
	        (s-1)(s-2)
	
	    Continuous-time zero/pole/gain
	model.
	``

无论是方法 1 还是方法 2，得出的结果相同。

4. 部分分式模型

residue 函数

功能：建立系统的部分分式形式。

格式：[r,p,h]=residue(num,den)。

说明：系统传递函数可以表示成部分分式或留数的形式，也可以由部分分式表示系统传递函数，有

$$G(s)=\frac{r(1)}{s-p(1)}+\frac{r(2)}{s-p(2)}+\cdots+\frac{r(n)}{s-p(n)}+h(s) \tag{2-4}$$

在 MATLAB 中，分子和分母系数构成的向量用 num 和 den 表示。向量 num 和 den 是按 s 的降幂排列的多项式系数，部分分式展开后，余数返回到向量 r，极点返回到列向量 p，常数项返回到 h。

【例 7】 已知系统的传递函数模型为

$$G(s)=\frac{2s^2+9s+1}{s^3+5s^2+4s}$$

在 MATLAB 中试建立该系统的部分分式模型。

解： 程序为

```
>>num=[2,9,1];
>>den=[1,5,4,0];
>>[r,p,h]=residue(num,den)

r=
  -0.2500
    2.0000
    0.2500
p=
    -4
    -1
    0
h=
    []
```

结果表达式为

$$G(s)=\frac{-0.25}{s+4}+\frac{2}{s+1}+\frac{0.25}{s}$$

5. 二阶系统模型

ord2 函数

功能：建立标准二阶系统。

格式：[num,den]=ord2(wn,z)，或者 G=wn^2 * tf(num,den)。

说明：利用固有频率和阻尼比可以生成分子系数为 1 的二阶系统，再乘以 wn^2 即可得到规范的标准二阶系统模型，即

$$G(s)=\frac{\omega_n^2}{s^2+2\zeta\omega_n s+\omega_n^2}$$

【例 8】 在 MATLAB 中，试生成固有频率 wn=5、阻尼系数 z=0.8 的二阶系统模型。

解：程序为

```
>>clear
>>wn=5;z=0.8;
>>[n,d]=ord2(wn,z);
>>h=wn^2 * tf(n,d)

h=

          25
     --------------
     s^2+8s+25

Continuous-time transfer function.
```

2.1.2 模型间的相互转换

在进行系统分析研究时，往往根据不同的要求来选择不同形式的系统数学模型，因此经常要在不同形式数学模型之间相互转换，下面介绍几种模型转换函数。

1. tf2zp 函数

功能：将系统的传递函数模型转换为零极点增益模型。

格式：[z,p,k]=tf2zp(num,den)。

说明：由传递函数模型获得零极点增益模型。

2. zp2tf 函数

功能：将系统零极点增益模型转换为传递函数模型。

格式：[num,den]=zp2tf(z,p,k)。

说明：zp2tf 函数将系统零极点模型变换为传递函数形式。

3. residue 函数

功能：将系统部分分式模型与传递函数模型相互转换。

格式：[num,den]=residue(r,p,k)，或者[r,p,k]=residue(num,den)。

说明：residue 函数将系统部分分式模型与传递函数形式之间进行转换。

【例 9】　生成下列系统的零极点增益模型，并转换成部分分式模型形式：

$$G(s)=\frac{5s(s+3)}{(s+8)(s+13)}$$

解：程序为

```
>>z=[0;-3];p=[-8,-13];k=5;
>>[num,den]=zp2tf(z,p,k);
>>[r,p,h]=residue(num,den)
r=
  -130.0000
  40.0000

p=
  -13.0000
  -8.0000

h=
    5
```

可得到系统的部分分式模型形式为

$$G(s)=\frac{-130}{s+13}+\frac{40}{s+8}+5$$

2.1.3　控制系统的典型连接

在一般情况下，控制系统常用若干个环节通过串联、并联和反馈连接的方式组成。为了能对在各种连接模式下的系统进行分析，就需要对系统的模型进行适当的处理。在 MATLAB 的控制系统工具箱中，提供了针对控制系统的简单模型进行连接的函数。

1. series 函数

功能：将两个线性模型串联形成新的系统。

格式：sys=series(sys1,sys2)，或者[num,den]=series(num1,den1,num2,den2)。

说明：将两个串联的系统形成新的系统（见图 2-3）。

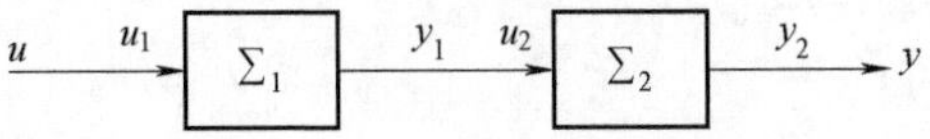

$$u \xrightarrow{u_1} \boxed{\Sigma_1} \xrightarrow{y_1\quad u_2} \boxed{\Sigma_2} \xrightarrow{y_2} y$$

图 2-3　系统的串联连接

2. parallel 函数

功能：将两个线性模型并联形成新的系统。

格式：sys=parallel(sys1,sys2)，或者[num,den]=parallel(num1,den1,num2,den2)。

说明：将两个并联的系统形成新的系统（见图 2-4）。

3. feedback 函数

功能：将两个线性模型反馈形成新的系统。

格式：sys = feedback (sys1, sys2, sign)，或者 [num, den] = feedback (num1, den1, num2, den2, sign)。

说明：将两个反馈连接或部分反馈连接的系统形成新的系统（见图 2-5）。sign 默认为负，即 sign=-1。如果为正反馈，则 sign=+1。

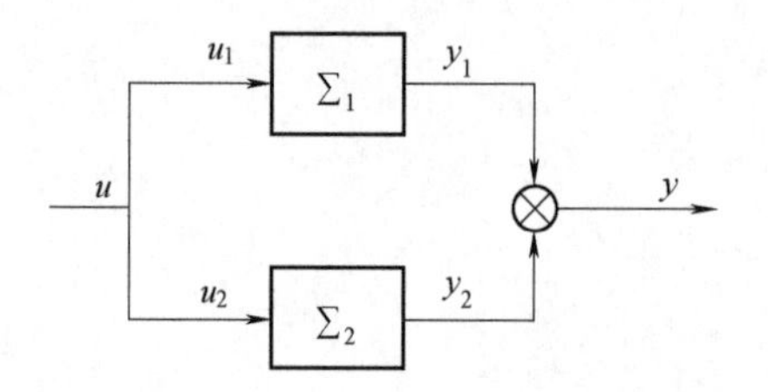

图 2-4　系统的并联连接

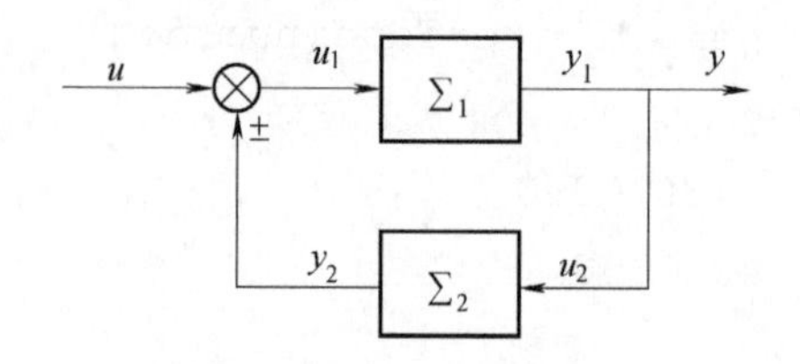

图 2-5　系统的反馈连接

特别地，对于单位反馈系统，MATLAB 提供了更简单的处理函数 cloop( )，其调用格式为 [num, den] = cloop(num1, den1, sign)。

【例 10】 已知系统框图如图 2-6 所示，求系统的传递函数。

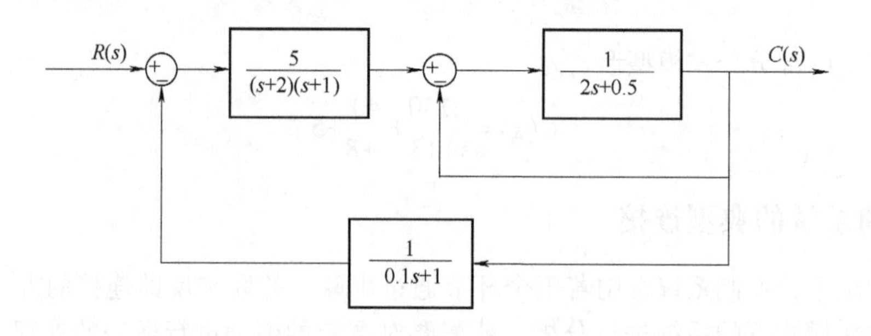

图 2-6　例 10 系统框图

解：程序为

```
>>clear
>>n1=1;d1=[2,0.5];
>>z2=[];p2=[-1,-2];k2=5;
>>n3=1;d3=[0.1 1];
>>[nn,dd]=cloop(n1,d1);

>>[n2,d2]=zp2tf(z2,p2,k2);
>>[no,do]=series(n2,d2,nn,dd);
>>[nc,dc]=feedback(no,do,n3,d3);
```

```
>>H=tf(nc,dc)

H=

                  0.5s+5
  -----------------------------------------------
  0.2s^4+2.75s^3+8.35s^2+8.8s+8

Continuous-time transfer function.
```

2.2　系统时域分析

2.2.1　时域分析的常用命令

早期的控制系统分析过程复杂而耗时，如想得到一个系统的脉冲响应曲线，首先需要编写一个求解微分方程的子程序；然后将已经获得的系统模型输入计算机，通过计算机的运算获得脉冲响应的响应数据；最后编写绘图程序，绘制响应曲线。

MATLAB 控制系统工具箱的出现，给控制系统分析带来了福音。

控制系统的性能指标，如上升时间、超调量、峰值时间、过渡过程时间及稳态误差等，都能从时间响应上反映出来。响应是指在某种典型的输入函数作用下对象的响应。控制系统常用的输入函数为单位阶跃函数和单位脉冲函数。

1. gensig 函数

功能：产生输入信号。

格式：[u,t]=gensig(type,t_{au})，或者 [u,t]=gensig(type,t_{au},T_f,T_s)。

说明：生成任意信号函数。第一式产生一个类型为 type 的信号序列 u(t)，周期为 t_{au}。type 为标识字符串 sin、square、pulse 之一。其中，sin 为正弦波，square 为方波，pulse 为脉冲序列。第二式同时还定义信号序列 u(t) 的持续时间 T_f 和采样时间 T_s。

2. step 函数

功能：连续系统的单位阶跃响应。

格式：y=step(num,den,t)，或者 [y,x,t]=step(num,den)。

说明：已知系统的闭环传递函数模型或状态空间模型，可由 step 函数获得在单位阶跃输入的作用下系统的响应。如果是多输入系统，必须指定 iu。如果不定义返回变量，直接使用 step 函数，则直接绘制响应曲线。如果输入信号不是单位信号，也可先由 step 函数获得单位阶跃响应，再乘以相应的幅值即可。

3. impulse 函数

功能：连续系统的单位冲激响应。

格式：y=impulse(num,den,t)，或者 [y,x,t]=impulse(num,den)。

说明：已知系统的闭环传递函数模型或状态空间模型，可由 impulse 函数获得在单位脉冲输入的作用下系统的响应。如果是多输入系统，必须指定 iu。如果不定义返回变量，直接使用

impulse 函数，则直接绘制响应曲线。如果输入信号不是单位信号，也可先由 impulse 函数获得单位脉冲响应，再乘以相应的幅值即可。

4. initial 函数

功能：连续系统的零输入响应。

格式：initial(sys,x0)。

说明：系统在非零初始状态作用下的响应为零输入响应，即系统在没有外部输入信号作用下，由非零初始状态引起的响应。

5. lsim 函数

功能：连续系统的任意输入响应。

格式：lsim(num,den,u,t)，或者 lsim(sys,u,t,x0)。

说明：在任意输入信号和初始状态作用下的响应为任意输入响应。该函数可以直接使用模型句柄，或者传递函数模型，或者状态空间模型；可以返回变量，也可以直接绘制响应曲线。

【例 11】 已知系统的开环传递函数为

$$G_0(s)=\frac{20}{s^4+8s^3+36s^2+40s}$$

求系统在单位负反馈下的单位脉冲响应。

解：程序为

```
>>clear
>>no=20;do=[1 8 36 40 0];
>>[nc,dc]=cloop(no,do);
>>impulse(nc,dc)
```

其系统单位脉冲响应如图 2-7 所示。

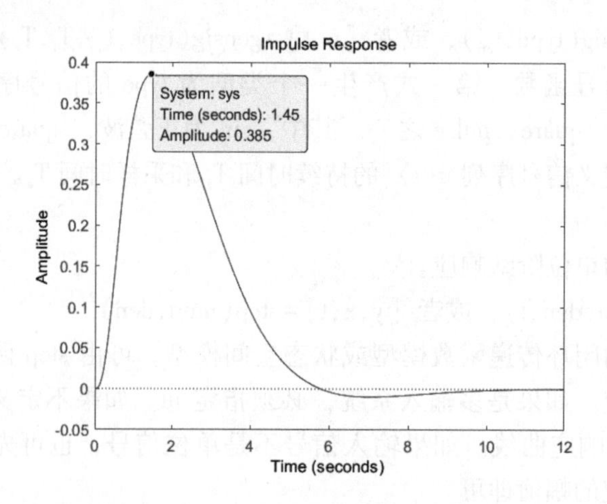

图 2-7 例 11 程序得到的系统单位脉冲响应

【例 12】 已知某典型二阶系统的传递函数为

$$G(s)=\frac{\omega^2}{s^2+2\zeta\omega s+\omega^2},\zeta=0.6,\omega=5$$

试绘制系统的单位阶跃响应曲线。

解： 程序为

```
>>[n,d]=ord2(5,0.6);
>>G=5^2*tf(n,d)
G=
            25
   --------------------------
  s^2+6s+25
Continuous-time transfer function.

>>t=0:0.1:3;
>>step(G,t)
```

其系统阶跃响应如图 2-8 所示。

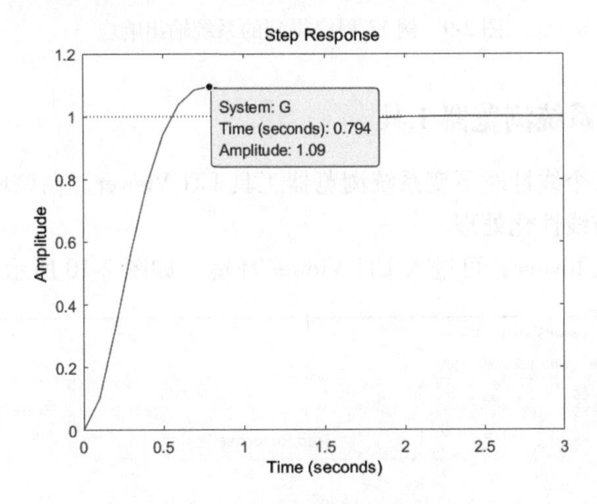

图 2-8　例 12 程序得到的系统阶跃响应

【例 13】 已知某系统的传递函数为

$$G(s)=\frac{s+1}{s^2+s+1}$$

当输入信号为 $u(t)=1(t)+t[1(t)]$，求系统的输出响应。

解： 程序为

```
>>clear
>>num=[1 1];den=[1 1 1];
>>h=tf(num,den);
>>t=0:0.1:10;
>>u=1+1*t;
>>y=lsim(h,u,t);
>>plot(t,y,'-.',t,u)
>>legend('y','u')
```

其输出响应如图 2-9 所示。

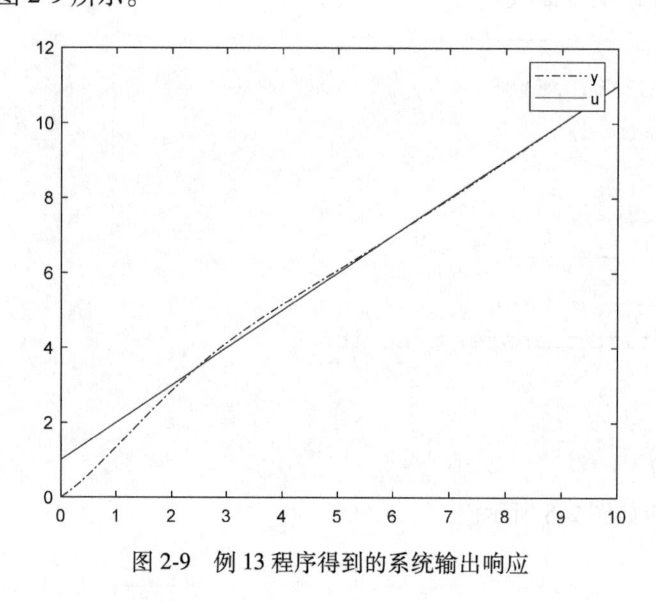

图 2-9　例 13 程序得到的系统输出响应

2.2.2　线性时不变系统浏览器工具

MATLAB 提供了一个线性时不变系统浏览器工具 LTI Viewer。在该环境下可以输入系统模型，完成系统的分析与线性化处理。

在命令窗口下键入 ltiview，可进入 LTI Viewer 环境，如图 2-10 所示。

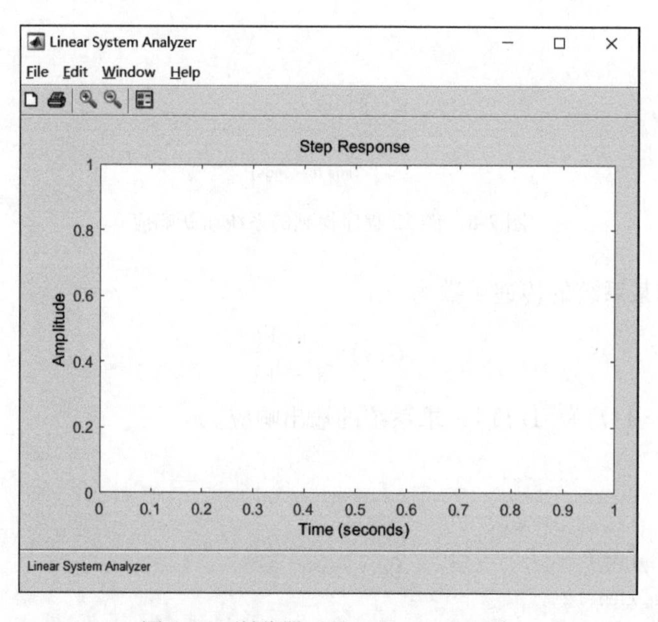

图 2-10　浏览器工具 LTI Viewer 环境

LTI Viewer 命令菜单及窗口设置：

1. File 菜单（见图 2-11）

“New Linear System Analyzer”：建立一个新的 LTI Viewer 窗口。

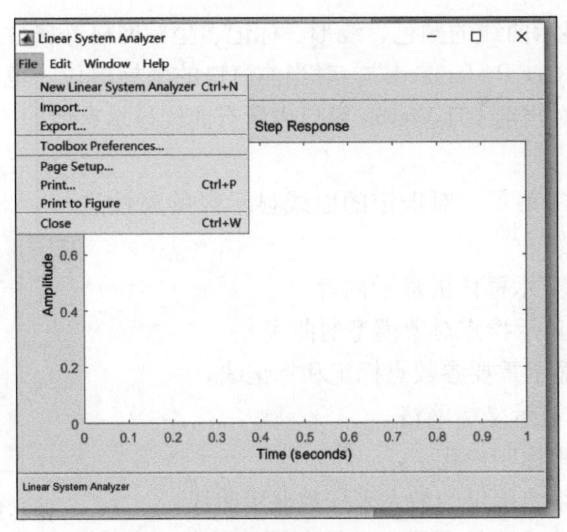

图 2-11　浏览器工具 File 菜单

“Import”：导入系统对象模型。

“Export”：将当前 LTI Viewer 窗口中的指定系统的对象模型保存到工作区（Workspace），或者以 mat 文件的形式保存在磁盘上。

“Toolbox Preferences”：对新建立或重新启动的 LTI Viewer 窗口属性进行设置，对当前窗口无效。这些属性包括坐标属性、对系统指示参数的描述（如调节时间的定义、上升时间的定义等）、坐标颜色、坐标字体大小等。

2. Edit 菜单（见图 2-12）

“Plot Configurations”：对显示窗口及显示内容进行配置，可以选择绘制曲线的布局及不同绘制区域曲线的响应类型。其中，响应类型有 Step、Impulse、Linear Simulation、Initial Condition、Bode、Nyquist 等。

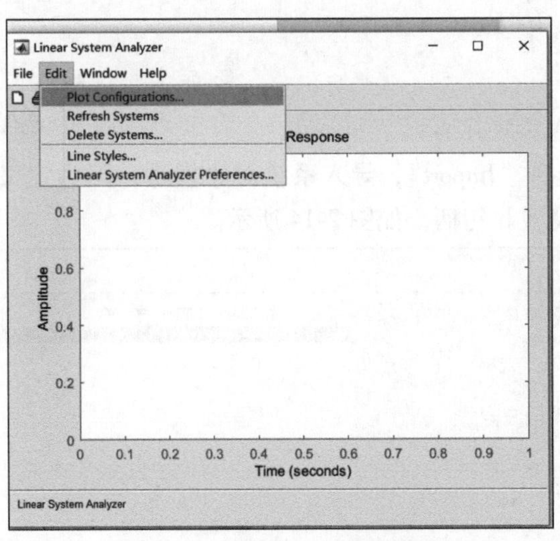

图 2-12　浏览器工具 Edit 菜单

“Refresh Systems”：当显示配置发生变化后，使用此命令会使各曲线显示区中的曲线处于最佳显示位置。

“Delete Systems”：删除当前窗口中的对象模型。

“Line Styles”：对显示曲线的颜色、线形、标记、坐标网格等属性进行设置。

“Linear System Analyzer Preferences”：对当前窗口的坐标单位、范围、窗口颜色、字体等进行设置，并且该设置对当前 LTI Viewer 窗口内所有曲线显示有效。

3. 属性设置

单击鼠标右键会弹出菜单，对选定的曲线显示区的属性进行设置，如图 2-13 所示。

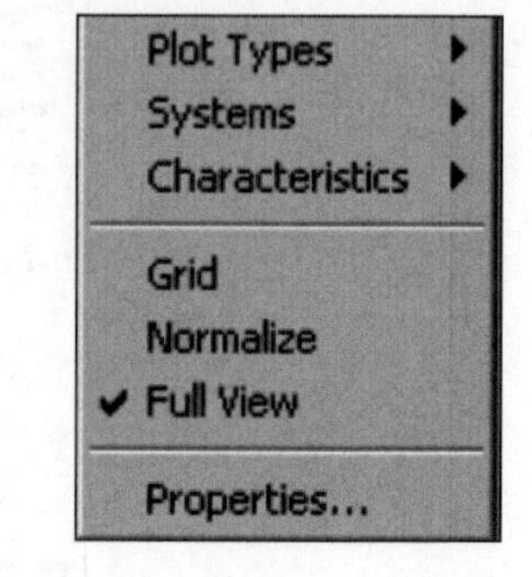

图 2-13　浏览器工具属性设置

“Plot Types”：改变显示框内的显示内容。

“Systems”：隐藏、显示指定对象模型的曲线。

“Characteristics”：显示重要参数点标记和标记线。

“Grid”：显示/取消显示坐标网格。

“Normalize”：对纵坐标归一化。

“Full View”：使用系统提供的最大采样数显示曲线。

“Properties”：设置曲线图的名称、坐标范围、单位、字体、颜色等属性，确定重要参数点的范围、相位图显示范围等。

【例 14】 已知某系统的传递函数为

$$G(s)=\frac{s+1}{s^2+s+1}$$

求当输入信号为 $u(t)=1(t)+t[1(t)]$，使用 LTI Viewer 工具获得系统的输出响应曲线。

解： 先在命令窗口定义系统模型和输入信号，然后在 LTI Viewer 工具中导入模型和输入信号即可进行仿真。程序为

```
>>clear
>>num=[1 1];den=[1 1 1];
>>h=tf(num,den);                          % 定义系统传函模型
>>t=0:0.1:10;
>>u=1+1*t;                                % 定义系统输入信号
>>ltiview                                 % 打开 LTI Viewer 工具
```

在“File”菜单中选择“Import”，导入系统对象模型，因为定义的模型已经存在于工作区，故选择在工作区的模型 h 句柄，如图 2-14 所示。

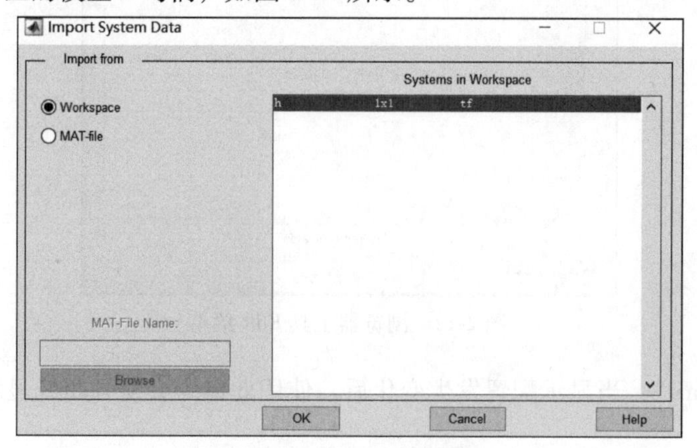

图 2-14　导入系统模型

在右键属性页设置中，“Plot Types” 中选择 “Linear Simulation” 后，在属性设置中选择 “Input Data”，打开仿真工具箱，单击 “Import Time” 选择时间变量 t 导入。单击 “Import Signal”，从工作区导入输入信号 u（见图 2-15），导入成功后设置时间变量（见图 2-16）。单击 “Simulate”，获得系统的输出响应（见图 2-17），与采用 lsim 命令仿真曲线完全相同（见图 2-9）。

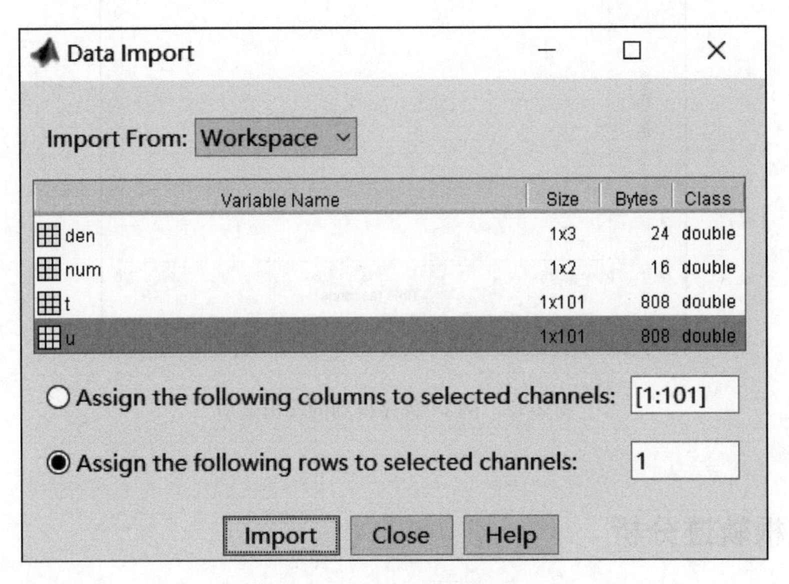

图 2-15　导入输入信号

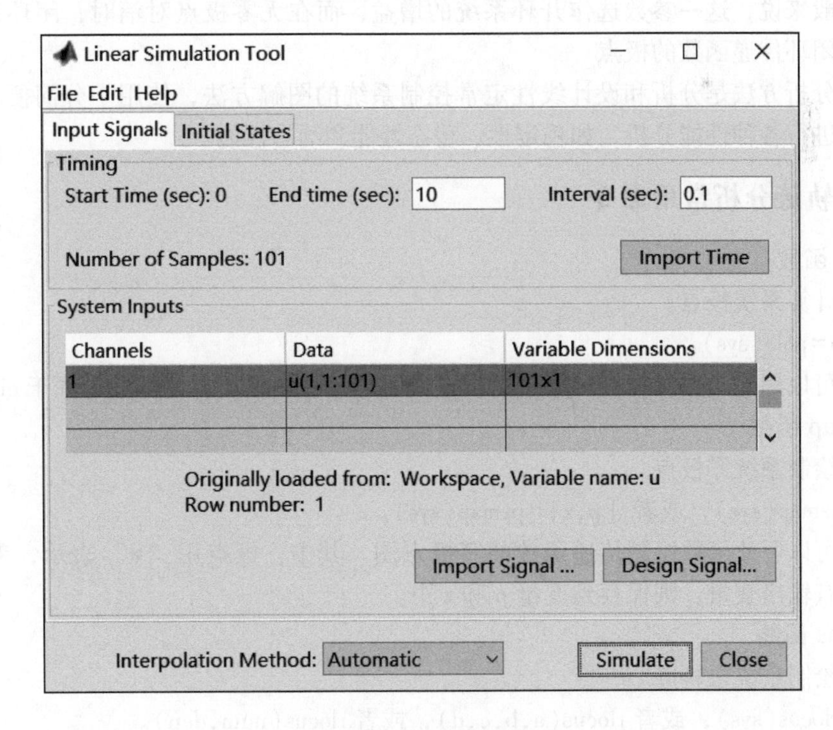

图 2-16　设置时间变量

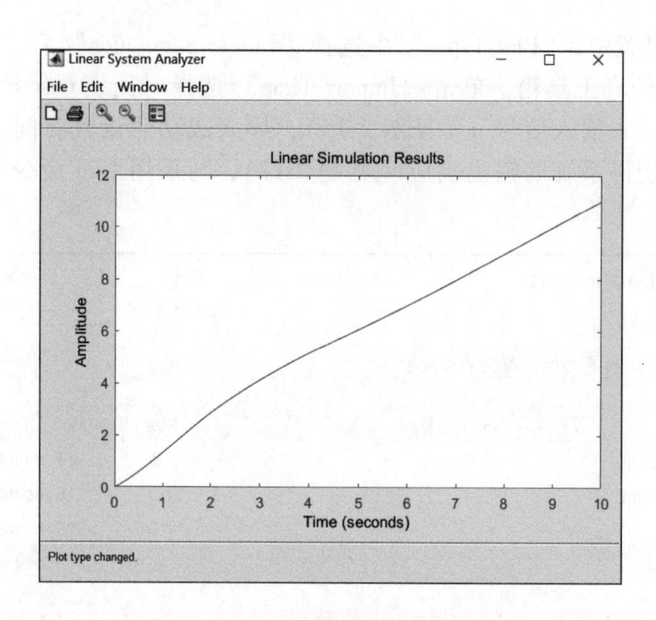

图 2-17　例 14 程序得到的输出响应

2.3　系统根轨迹分析

根轨迹是指，当开环系统某一参数从零变到无穷大时，闭环系统特征方程的根在 s 平面上的轨迹。一般来说，这一参数选作开环系统的增益，而在无零极点对消时，闭环系统特征方程的根就是闭环传递函数的极点。

根轨迹分析方法是分析和设计线性定常控制系统的图解方法，使用十分简便。根轨迹法可以对系统进行各种性能分析，如稳定性、稳态性能和动态性能。

2.3.1　根轨迹分析常用命令

1. pole 函数

功能：计算系统极点。

格式：p=pole(sys)。

说明：可以用此函数计算开环系统的极点或闭环系统的极点。此函数等同于 eig 函数。

2. pzmap 函数

功能：绘制系统零极点。

格式：pzmap(sys)，或者 [p,z]=pzmap(sys)。

说明：可以用此函数绘制传递函数的零极点图。其中，极点用“×”表示，零点用“o”表示；如果有输出变量，则保存到变量 p 和 z 中。

3. rlocus 函数

功能：绘制系统根轨迹。

格式：rlocus(sys)，或者 rlocus(a,b,c,d)，或者 rlocus(num,den)。

说明：可以用此函数根据 SISO 开环系统的状态空间模型和传递函数模型，直接绘制闭环系统的根轨迹图。一般来说，系统为单位负反馈系统，开环增益的值从零到无穷大变化。例

如，［r,k］=rlocus(sys) 或 ［r,k］=rlocus(num,den)，有输出变量时，闭环极点保存于变量中，不直接绘出系统的根轨迹图。

［R,K］=rlocus(num,den,k) 和 ［R,K］=rlocus(A,B,C,D,k) 可利用指定的根轨迹增益 k 来绘制系统的根轨迹。此时的增益 k 在某一范围。

若给出传递函数描述系统的分子项 num 为负，则利用 rlocus 函数绘制的是系统的零度根轨迹。

4. rlocfind 函数

功能：计算给定根的根轨迹增益。

格式：［k,p］=rlocfind(sys)，或者 ［k,p］=rlocfind(a,b,c,d)，或者 ［k,p］=rlocfind(num,den)。

说明：它要求先绘制好有关的根轨迹图。然后，使用此命令将产生一个光标以选择希望的闭环极点。命令执行结果中，k 为对应选择点处根轨迹开环增益；p 为此点处的系统闭环特征根。

【例 15】 已知某负反馈系统的开环传递函数为

$$G(s)H(s)=\frac{k}{s(s+1)(s+2)}$$

试绘制系统根轨迹，并分析系统稳定的 k 值范围。

解： 程序为

```
>>num=1;
>>den=conv([1,0],conv([1,1],[1,2]));
>>rlocus(num,den);
>>[k,p]=rlocfind(num,den)      % 移动鼠标到根轨迹与虚轴的交点处单击鼠标左键,返回此处
% 根轨迹开环增益和所对应的闭环特征根
Select a point in the graphics window

selected_point=
    0.0000-1.4142

k  =
  6.0000
p=
  -3.0000
  0.0000+1.4142i
  0.0000-1.4142i
```

MATLAB 绘制的该系统根轨迹图如图 2-18 所示。

如图 2-18 所示，根轨迹与虚轴交点处的增益 $k=6$，这说明当 $k<6$ 时系统稳定，当 $k>6$ 时系统不稳定；利用 rlocfind 函数也可找出根轨迹在实轴上的分离点处的增益 $k=0.38$，这说明当 $0<k<0.38$ 时系统为单调衰减稳定，当 $0.38<k<6$ 时系统为振荡衰减稳定的。

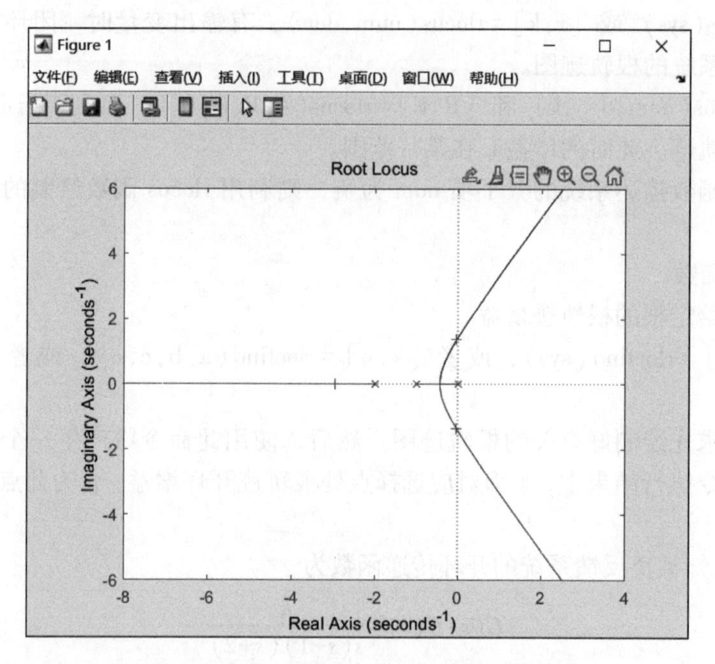

图 2-18 MATLAB 绘制的例 15 的系统根轨迹图

2.3.2 系统的稳定性

稳定性是指系统在使它偏离稳定平衡状态的扰动消除之后，能够以足够的精度逐渐恢复到原来的状态，这时称系统是稳定的或具有稳定性。稳定性是控制系统的固有特性，取决于系统本身的结构和参数，与输入无关。线性系统稳定的条件是其特征根均具有负实部。下面介绍判定方法。

1. roots 函数

功能：计算系统特征方程的根。

格式：roots(p)。

说明：可以用此函数计算闭环系统特征方程的根，特征根均具有负实部，系统才稳定。

2. eig 函数

功能：计算系统特征值。

格式：eig(A)，或者 [V,D]=eig(A)。

说明：可以用此函数计算闭环系统特征值。本质上，特征值就是特征根，也是系统的闭环极点。特征值均具有负实部，系统才稳定。

3. rlocus 函数

功能：绘制系统根轨迹。

格式：rlocus(sys)，或者 rlocus(a,b,c,d)，或者 rlocus(num,den)。

说明：利用此函数可以方便地绘制当开环增益从零变化到无穷大时闭环极点的轨迹，从根轨迹图上直观反映出系统稳定的条件。

【例 16】 开环系统传递函数为

$$H(s)=\frac{50}{(s+5)(s-2)}$$

判断闭环系统的稳定性，并求出闭环系统的单位脉冲响应。

解：程序为

```
>>k=50;z=[];p=[-5 2];
>>[no,do]=zp2tf(z,p,k);
>>[nc,dc]=cloop(no,do);
>>[zz,pp]=tf2zp(nc,dc);
>>ii=find(real(pp)>0);
>>n1=length(ii);
  if n1>0
    disp('The unstable poles are:');
    disp(p(ii));
  else
    disp('System is stable,');
  end
>>pzmap(nc,dc);
>>figure(2)
>>impulse(nc,dc)
>>title('Impulse Response')
```

从零极点图（见图 2-19）得出闭环极点为 2 个共轭复数根：-1.50000000000000 ± i6.14410286372225，闭环系统稳定；根据绘制的脉冲响应曲线（见图 2-20），最初系统振荡较剧烈，在第 3s 之后，系统趋于稳定，从脉冲响应曲线上验证了此系统是稳定的。

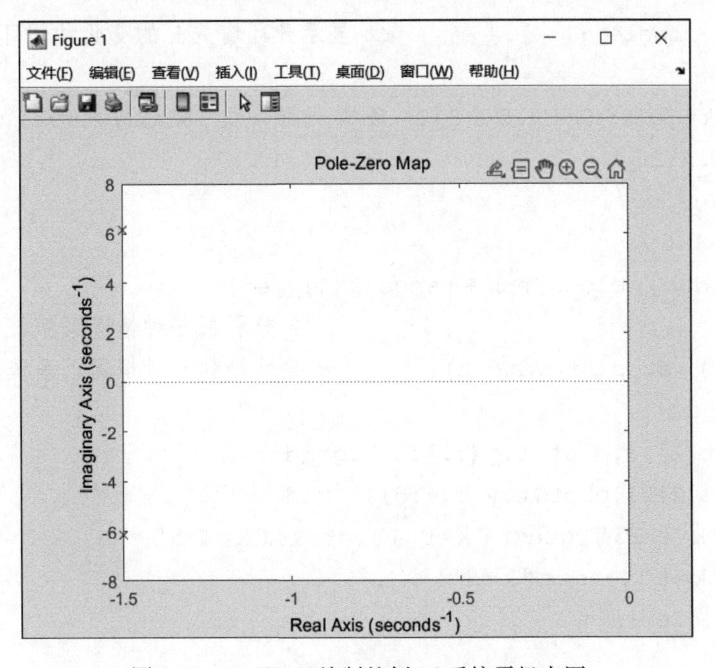

图 2-19　MATLAB 绘制的例 16 系统零极点图

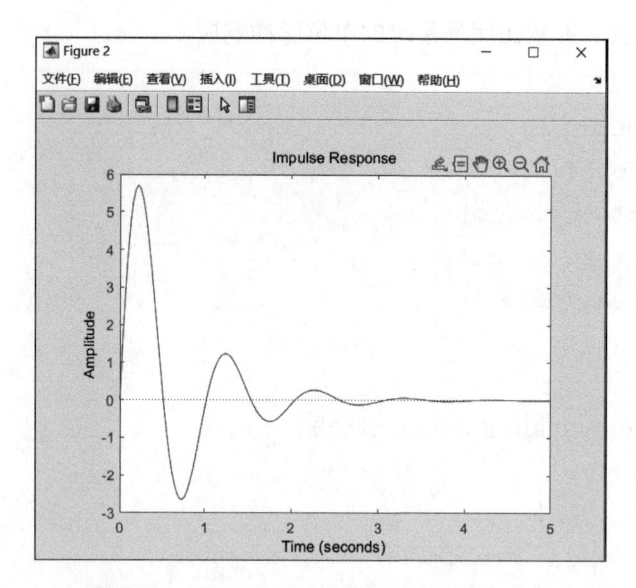

图 2-20　MATLAB 绘制的例 16 系统脉冲响应

【例 17】 某负反馈系统的开环传递函数为

$$G(s)H(s)=\frac{k}{s(s+1)(s+2)}$$

根据绘制的根轨迹图，绘制开环增益变化时的单位阶跃响应。

解： 程序为

```
>>clpole=rlocus(num,den,[0.3:0.1:7]);% 开环 k 变化时,求闭环极点 clpole
>>range=[0.3:0.1:7]';
>>[range,clpole];                    % 显示开环增益 k 的变化和闭环极点 clpole

>>range_k=[0.25 0.4 1.5 6 8];   % 取开环增益 k 的值分别为 5 个值
>>t=[0:0.2:20]';

>> for j=1:5
    [ntc,dtc]=cloop(num*range_k(j),den);
                                          % 分别求 5 种情况下系统的闭环传递函数
    y(:,j)=step(ntc,dtc,t);         % 分别绘制 5 种情况下系统的单位阶跃响应
        end
>>subplot(211),plot(t,y(:,1:3)),grid
>>subplot(212),plot(t,y(:,4:5)),grid
>>gtext('k=0.25'),gtext('k=0.4'),gtext('k=1.5')
>>gtext('k=6'),gtext('k=8')
>>[range,clpole]

ans=
```

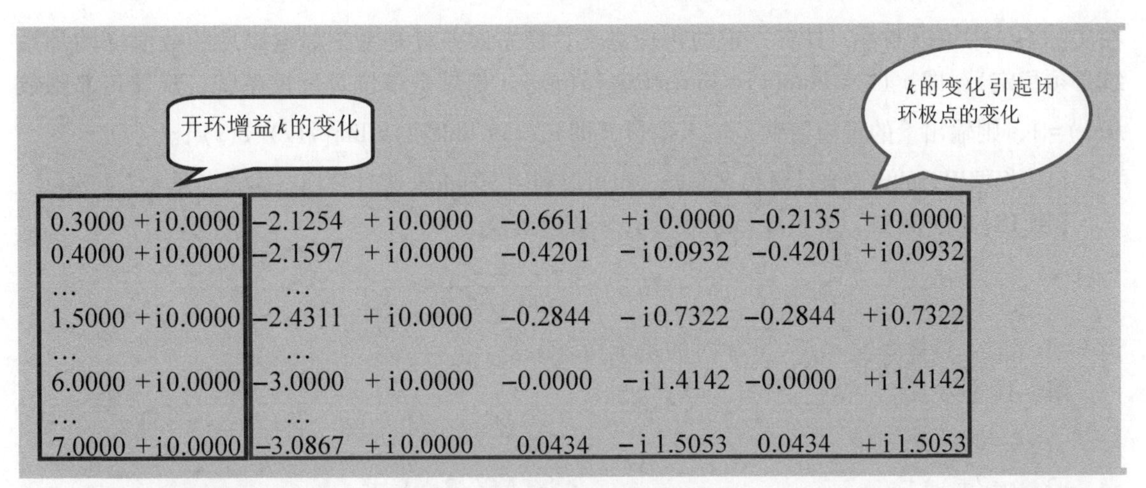

k						
0.3000 +i0.0000	−2.1254	+i0.0000	−0.6611	+i 0.0000	−0.2135	+i0.0000
0.4000 +i0.0000	−2.1597	+i0.0000	−0.4201	−i0.0932	−0.4201	+i0.0932
…	…					
1.5000 +i0.0000	−2.4311	+i0.0000	−0.2844	−i0.7322	−0.2844	+i0.7322
…	…					
6.0000 +i0.0000	−3.0000	+i0.0000	−0.0000	−i1.4142	−0.0000	+i1.4142
…	…					
7.0000 +i0.0000	−3.0867	+i 0.0000	0.0434	−i 1.5053	0.0434	+i 1.5053

根据前面绘制的根轨迹，根轨迹与虚轴交点处的增益 $k=6$，这说明当 $k<6$ 时系统稳定，当 $k>6$ 时系统不稳定。利用［range，clpole］给出的数据说明，增益 $k=6$，闭环极点为 3 个：［−3. 0000+i0. 0000　−0. 0000±i1. 4142］，此时增益 k 为临界增益。根据系统的响应曲线（见图 2-21），当 $k<6$ 时系统稳定，当 $k=6$ 时系统出现临界振荡，当 $k>6$ 时系统响应不稳定。

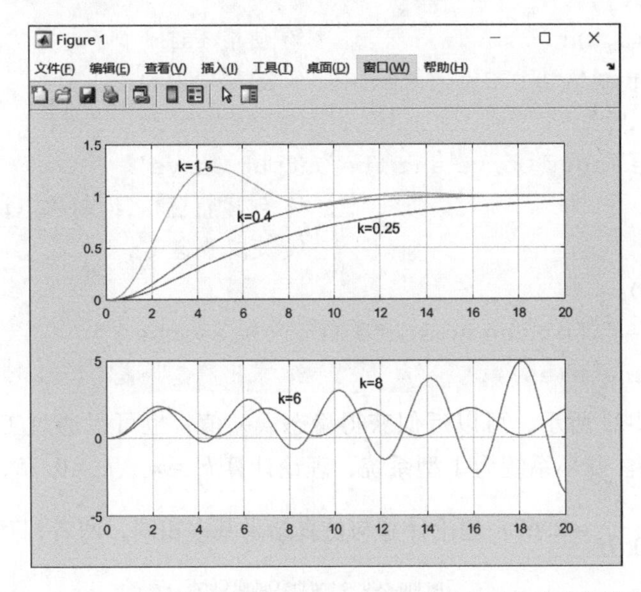

图 2-21　MATLAB 绘制的例 17 系统开环增益变化时的单位阶跃响应

2. 3. 3　系统的稳态误差

当系统从一个稳态过渡到新的稳态或系统受扰动作用又重新平衡后，系统可能会出现偏差，这种偏差称为稳态误差，记作 e_{ss}。

稳态误差为期望的稳态输出量与实际的稳态输出量之差，控制系统的稳态误差越小说明控制精度越高。因此，稳态误差是系统控制精度或抗扰动能力的一种度量，是稳态性能方面的一个重要指标。控制系统的设计，要在兼顾其他性能指标的情况下，使稳态误差尽可能小或小于某个容许的范围。

系统误差的基本定义为输出量的希望值与实际值之差。从输入端定义看，$e(t)=r(t)-b(t)$，在实际系统中可以测量，具有一定的物理意义。稳态误差就是系统稳定以后的数值（闭环系统必须稳定），即 $e_{ss}(t)=\lim\limits_{t\to\infty}e(t)=\lim\limits_{t\to\infty}[r(t)-b(t)]$。如果是单位负反馈系统，反馈传递函数 $H(s)=1$，则输出量的希望值就是输入信号，即 $e_{ss}(t)=\lim\limits_{t\to\infty}e(t)=\lim\limits_{t\to\infty}[r(t)-c(t)]$。

可以根据误差的定义来计算稳态误差，也可以利用Simulink来计算稳态误差（见4.2.4节）。

【例18】 如例17，某负反馈系统的开环传递函数为

$$G(s)H(s)=\frac{k}{s(s+1)(s+2)}$$

当 $k=1.5$ 时，计算在输入 $u=2+2t$ 时的系统稳态误差。

解：程序为

```
>>t=0:0.1:20;                          % 定义仿真时间
>>u=2+2 * t;                           % 定义输入信号
>>z=[ ];p=[0  -1  -2];k=1.5;           % 输入开环零极点模型
>>[no,do]=zp2tf(z,p,k)                 % 转换成传递函数模型
>>[nc,dc]=cloop(no,do);                % 求闭环传递函数
>>H=tf(nc,dc);
>>y=lsim(H,u,t);                       % 使用 lsim 命令进行仿真
>>plot(t,u,t,y,'-.')                   % 绘制输入和输出曲线
>>legend('u','y')
>>title('The Input Curve and the Output Curve')
>>figure(2)                            % 创建新窗口,绘制稳态误差曲线
>>es=u'-y;                             % 定义误差 es
>>plot(t,es)
>>grid,title('The Steady-state Error Response')
>>ess=es(length(es));                  % 求出稳态误差
```

如图2-22和图2-23所示，可以近似获得稳态误差值，也可以通过工作区访问变量ess，得到误差 $e_{ss}=2.6765$。开环系统为Ⅰ型系统，理论计算 $k_p=\infty$，$k_v=0.75$，$k_a=0$，在输入 $u=2+2t$ 时，$e_{ss}=0+\frac{2}{k_v}=\frac{2}{0.75}\approx2.67$。理论计算与仿真结果基本相同，两者相互得到验证。

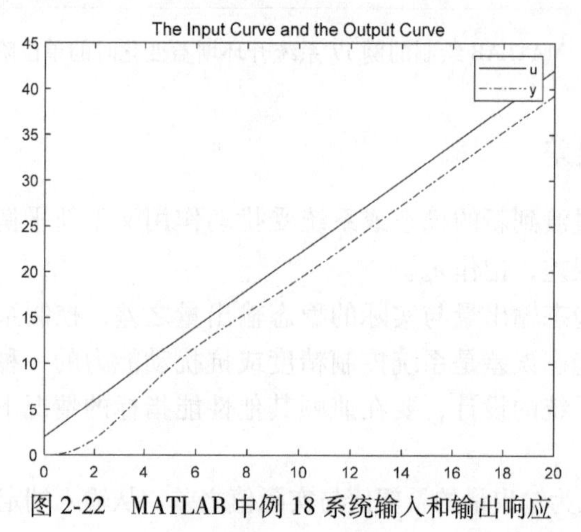

图2-22　MATLAB中例18系统输入和输出响应

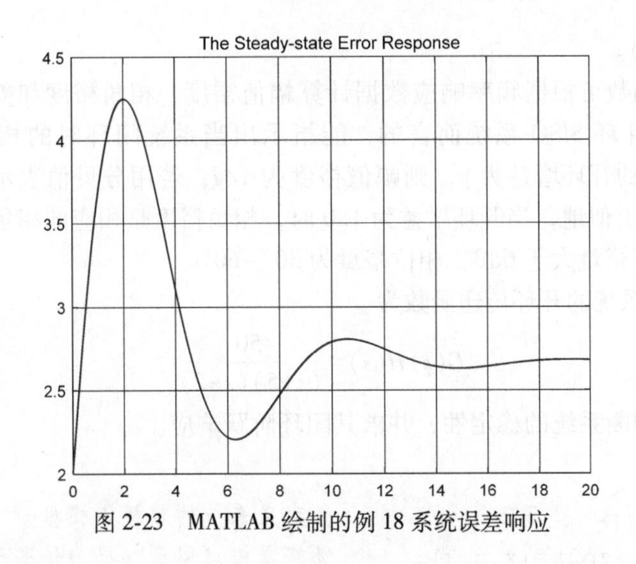

图 2-23 MATLAB 绘制的例 18 系统误差响应

2.4 系统频域分析

频域分析法，是应用频率特性来研究控制系统的一种典型方法，是一种图解分析法，是通过系统开环频率特性的图形来分析闭环系统性能，并方便地分析出系统参数对系统性能的影响。

频率响应是指系统对正弦输入信号的稳态响应，可用来研究系统的频率行为。从频率响应中可以得出带宽、增益、转折频率、闭环稳定性等系统特征。

2.4.1 频域分析的常用命令

1. freqresp 函数

功能：求取频率响应数据。

格式：F=freqresp(sys,w)，或者 F=freqresp(num,den,sqrt(-1)*w)。

说明：利用此函数可以求取频率特性的实部和虚部。

2. bode 函数

功能：绘制出系统的伯德（Bode）图。

格式：bode(sys)，或者 bode(num,den,w)，或者［mag,phase,wout］=bode(sys)。

说明：可绘制以传递函数模型或状态空间模型表示的系统的伯德图，或者绘制对数频率范围被指定的系统的伯德图。如果想要返回输出变量，则使用最后一种格式。

3. nyquist 函数

功能：绘制出系统的奈奎斯特（Nyquist）图。

格式：nyquist(sys)，或者 nyquist(num,den,w)，或者［re,im,wout］=nyquist(sys)。

说明：可绘制以传递函数模型或状态空间模型表示的系统的奈奎斯特图，或者绘制对数频率范围被指定的系统的奈奎斯特图。如果想要返回输出变量，则使用最后一种格式，可以返回系统频率特性的实部 re 和虚部 im。

4. margin 函数

功能：计算幅值裕度、相角裕度及对应的转折频率。

格式：margin(sys)，或者［Gm,Pm,Wcg,Wcp］=margin(sys)，或者［Gm,Pm,Wcg,Wcp］=

margin(mag,phase,w)。

说明：margin 函数可根据频率响应数据计算幅值裕度、相角裕度和剪切频率。幅值裕度和相角裕度是针对开环 SISO 系统而言的，能指示出当系统闭环时的相对稳定性。相角在 -180°相频处所对应的开环增益为 g，则幅值裕度为 1/g；若用分贝值表示幅值裕度，则等于 "-20 * log10(g)"。类似地，当开环增益为 1.0 时，相角裕度是相应的相角与 180°角之和。工程中，通常要求幅值裕量大于 6dB，相位裕量为 30°~60°。

【例 19】 已知系统的开环传递函数为

$$G(s)H(s)=\frac{50}{(s+5)(s-2)}$$

绘制奈奎斯特图，判断系统的稳定性，并求其闭环阶跃响应。

解：程序为

```
>>k=50;z=[];p=[-5 2];                %定义系统的零极点模型
>>[num,den]=zp2tf(z,p,k);            %将零极点模型转换为传递函数模型
>>figure(1)
>>nyquist(num,den)                   %绘制奈奎斯特图,可判断闭环系统的稳定性
>>title('Nyquist Plot')
>>figure(2)
>>[numc,denc]=cloop(num,den);        %获得闭环传递函数模型
>>step(numc,denc)                    %绘制闭环系统阶跃响应,并验证系统稳定性
>>title('Step Response')
```

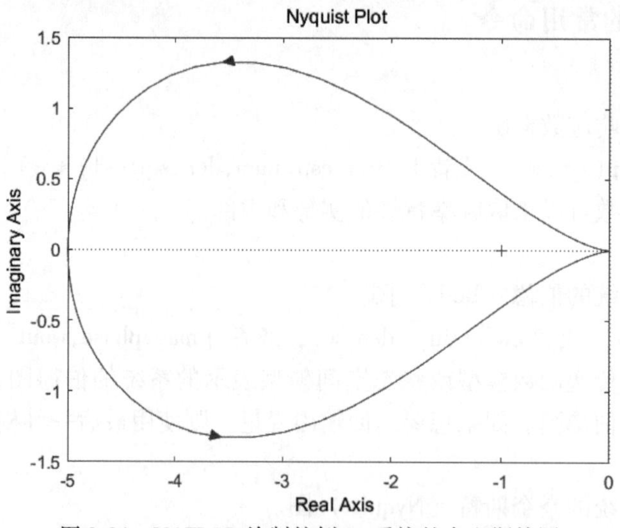

图 2-24　MATLAB 绘制的例 19 系统的奈奎斯特图

执行后得到奈奎斯特图（见图 2-24），由图可知奈奎斯特曲线按逆时针方向包围（-1，i0）[⊖]点 1 次，$N=1$；而开环系统包含右半 s 平面上的一个极点，$P=1$，所以 $Z=P-N=0$，以此构成的闭环系统是稳定的。根据绘制系统的闭环阶跃响应（见图 2-25），明显地，系统响应曲线稳定，得到验证。

⊖ 在实际应用中，频域多用 jω 表示。即，（-1，i0）多写为（-1，j0）。

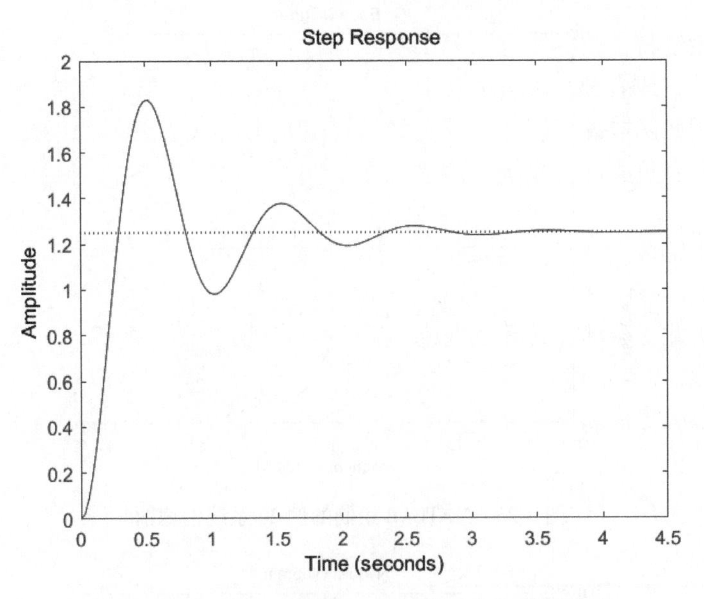

图 2-25　MATLAB 绘制的例 19 系统的闭环阶跃响应

【例 20】　线性时不变开环系统传递函数为

$$G(s)=\frac{0.1022}{s^4+1.3s^3+1.604s^2+0.8186s+0.1108}$$

绘制系统的伯德图和奈奎斯特图。判断系统稳定性。如果系统稳定，求出系统稳定裕度，并绘制系统的单位脉冲响应以验证判断结论。

解：程序为

```
>>num=0.1022;den=[1    1.3    1.604    0.8186    0.1108];
>>figure(1)                          % 绘制伯德图
>>bode(num,den);
>>figure(2)
>>nyquist(num,den);                  % 绘制幅相曲线
>>figure(3)
>>margin(num,den);                   % 绘制带裕度及相应频率显示的伯德图
>>figure(4)
>>[nc,dc]=cloop(num,den);            % 绘制单位脉冲响应曲线
>>impulse(nc,dc)
```

从运行结果（见图 2-26～图 2-29）可以看出，该系统有无穷大的相位裕量，且幅值裕量高达 13.8dB，所以系统的闭环响应是较理想的。

2.4.2　系统设计工具

MATLAB 仿真软件的 SISO 系统设计工具是控制系统设计工具箱（Control System Designer）提供的 SISO 系统补偿器设计工具，用户可以同时获得系统根轨迹和对应的时域、频域曲线，并高效地完成系统分析和线性系统设计。

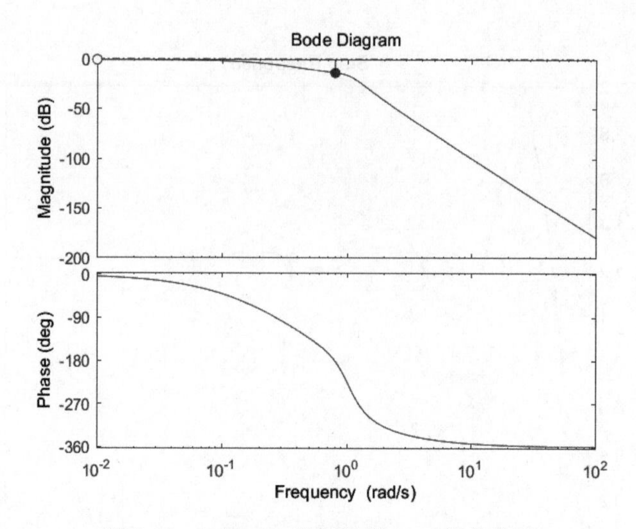

图 2-26　MATLAB 绘制的例 20 系统伯德图

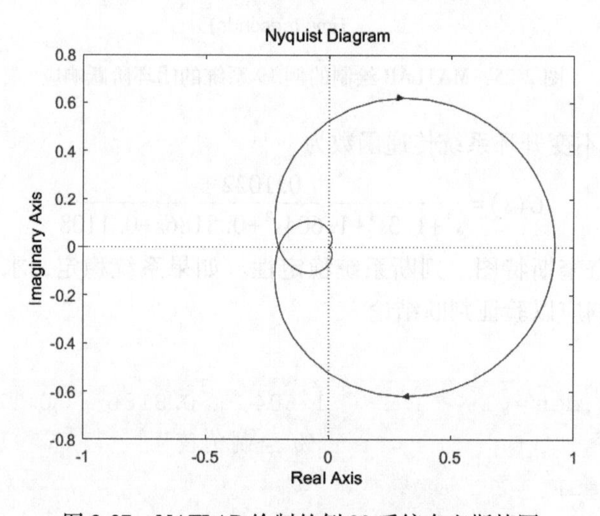

图 2-27　MATLAB 绘制的例 20 系统奈奎斯特图

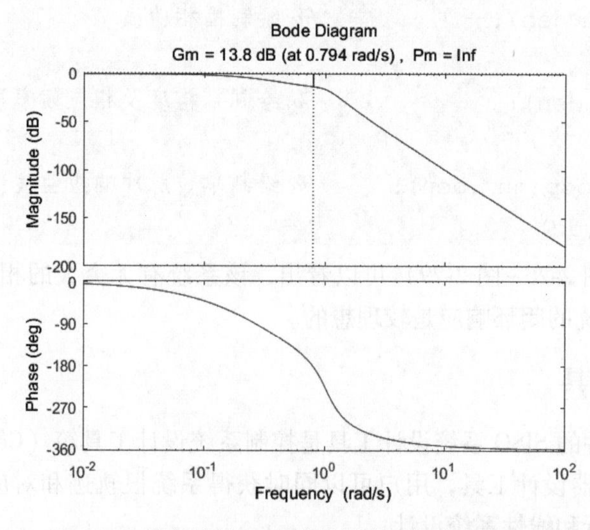

图 2-28　MATLAB 绘制的例 20 系统带裕度及相应频率显示的伯德图

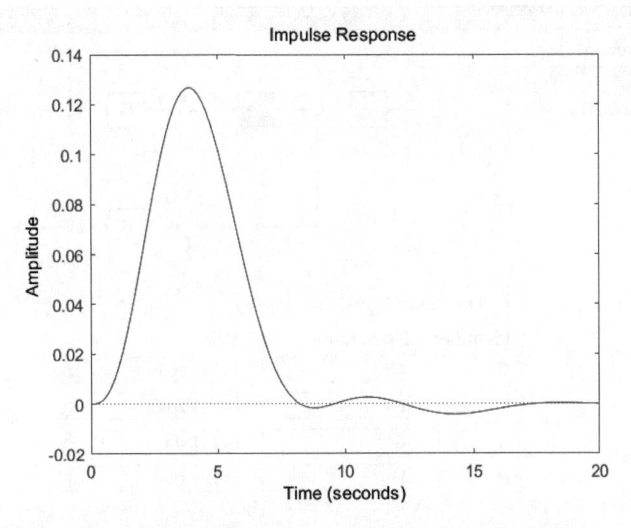

图 2-29　MATLAB 绘制的例 20 系统单位脉冲响应曲线

在 MATLAB 命令窗口输入“sisotool”或“rltool”命令，就会出现图 2-30 所示的根轨迹编辑窗口。根据设计，在“CONTROL SYSTEM”主菜单中的工具栏“Edit Architecture”中，有 6 种系统结构图可以选择，如图 2-31 所示。选择的结构图下面“Blocks”区域，单击箭头，可以配置每个模块的模型。如图 2-32 所示就是将开环传递函数 G 模型导入工作区。对前向通道补偿器 C 进行添加零、极点时，在主窗口左侧的“Controllers and Fixed Blocks”区域，单击右键并在快捷菜单中选择“Open Selection”，打开“Compensator Editor”窗口，如图 2-33 所示，即可添加或者删除零、极点。

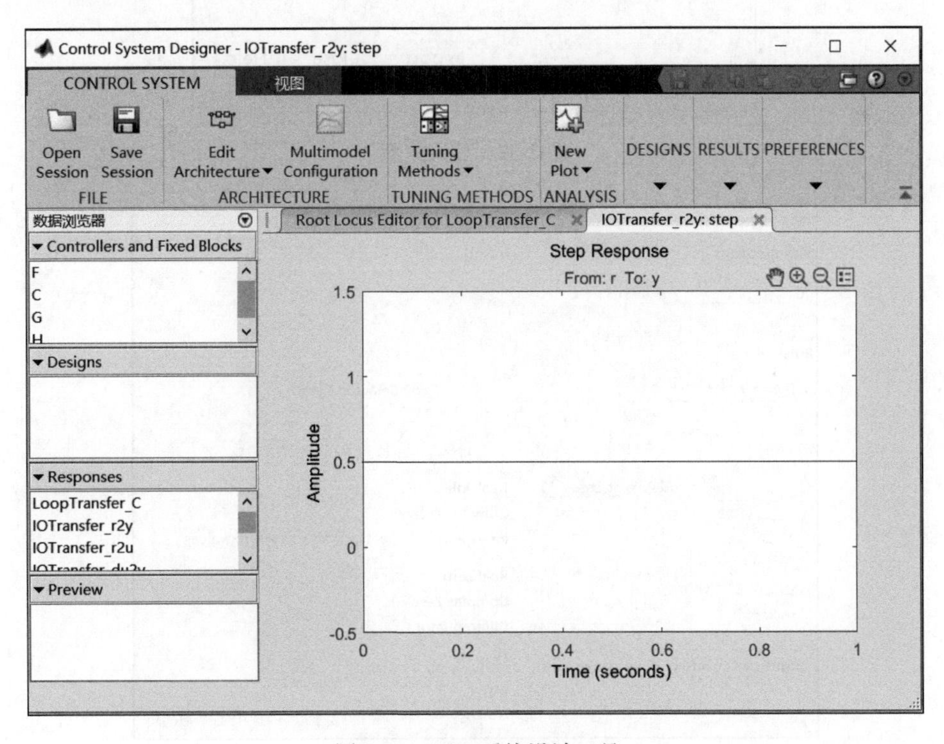

图 2-30　SISO 系统设计工具

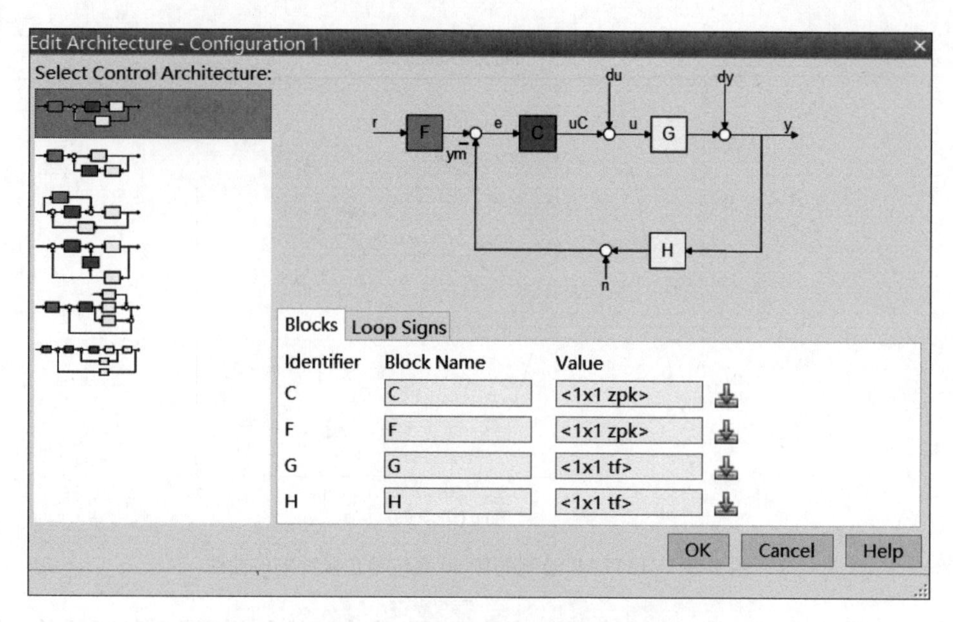

图 2-31 “Edit Architecture”页面

Import Data for G
Import From:
Base Workspace
MAT File
Browse ...

Available Models	Type	Order
h	tf	2

Import　Close　Help

图 2-32 导入模型

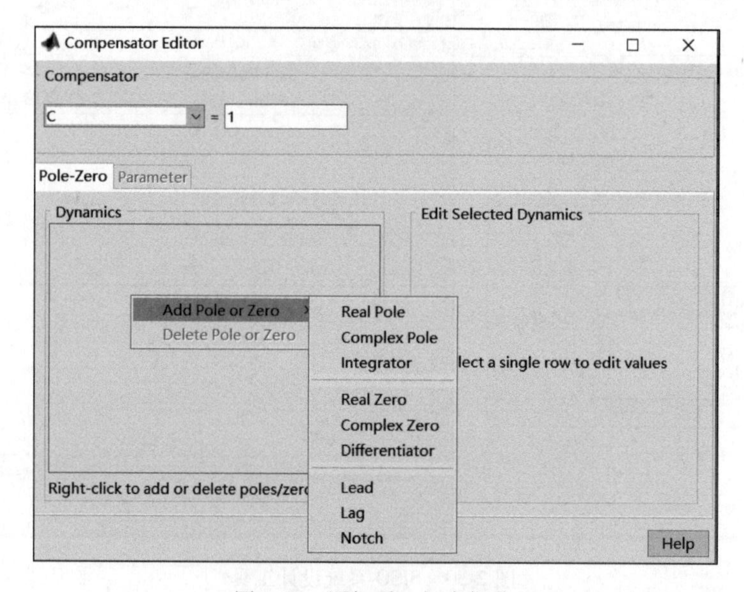

图 2-33 添加零、极点操作

在“New Plot”菜单中，可以绘制阶跃、脉冲、伯德图、奈奎斯特图、尼科尔斯图、零极点图等，即时获取动态性能，观测到系统的时域响应。

【例 21】 已知前向通路传递函数为

$$G(s)=\frac{4}{s(s+2)}$$

期望的闭环极点为 $s=-2\pm i2\sqrt{3}$，用设计工具，进行设计补偿器。

解： 具体步骤为

1）在命令窗口创建原系统模型，并打开设计工具，程序为

```
>>no=4;do=conv([1  0],[1  2]);
>>h=tf(no,do);
>>rltool;
```

2）在“CONTROL SYSTEM”选项卡的主菜单“Edit Architecture”中选择第一种模型结构，并为开环传递函数导入工作区模型 h 后，得到校正前的系统闭环根轨迹图如图 2-34 所示。其中，开环极点用“×”标识，闭环极点用“■”标识，分别为−1+i1.73 和−1−i1.73，与期望的闭环极点不相符，所以要对原系统进行校正。校正前的系统阶跃响应如图 2-35 所示。

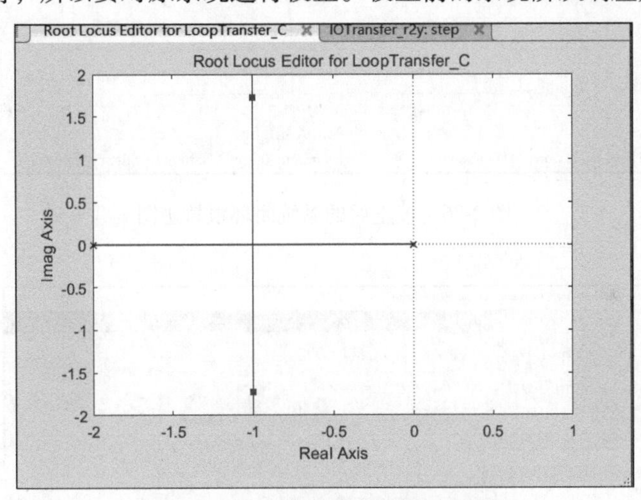

图 2-34　校正前的系统闭环根轨迹图

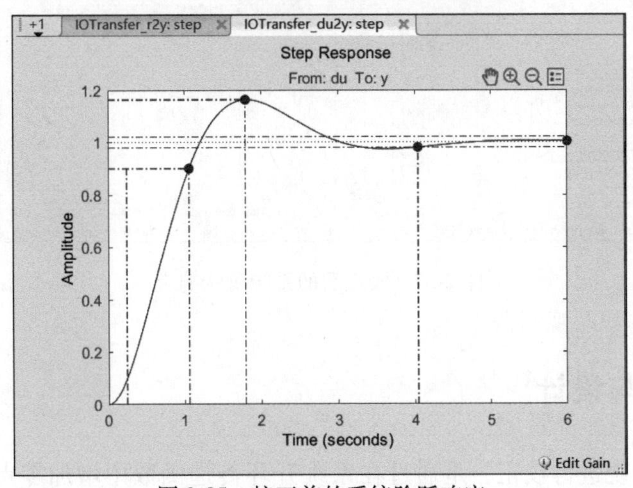

图 2-35　校正前的系统阶跃响应

3）双击补偿器 C，打开其编辑窗口，设置 C 的参数。根据根轨迹校正的主导极点校正方法，添加零点和极点，如图 2-36 所示，零点为−2.9，极点为−5.4，增益为 4.68。其传递函数为

$$G_C(s)=4.68\times\frac{s+2.9}{s+5.4}$$

校正后的系统动态性能指标比未校正之前的好。如图 2-37 所示，校正后的系统阶跃响应迅速了，超调量减少了。

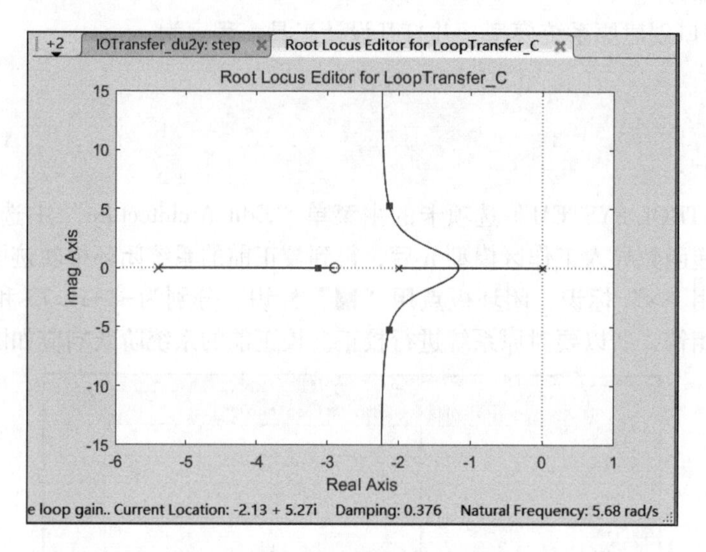

图 2-36 校正后的系统闭环根轨迹图

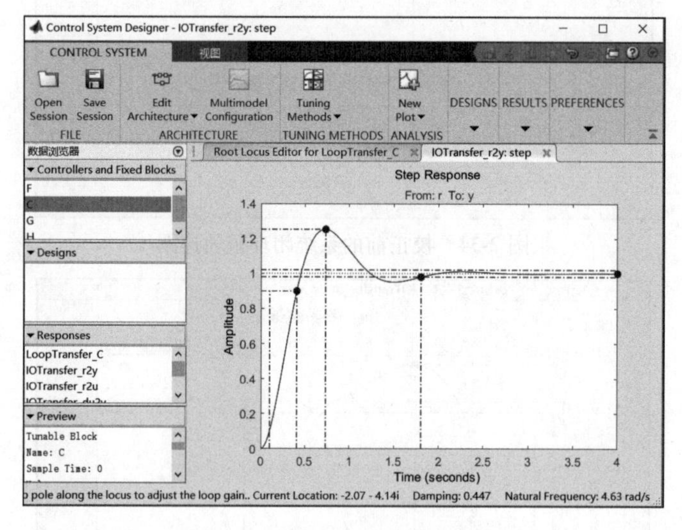

图 2-37 校正后的系统阶跃响应

2.5 系统校正与设计

用根轨迹法对系统进行校正，是通过在系统开环传递函数中增加零点和极点改变根轨迹

的形状，来使系统根轨迹在 s 平面上通过希望的闭环极点。其实质是通过采用校正装置改变根轨迹的形状。

在开环传递函数中增加零点，可以使根轨迹向 s 平面左半平面移动，等同于微分控制，从而提高系统的相对稳定性，增加了系统超调量，减小系统调节时间。

在开环传递函数中增加极点，可以使根轨迹向 s 平面右半平面移动，等同于积分控制，从而降低系统的相对稳定性，降低了系统超调量，增大系统调节时间。

2.5.1　超前校正

如果原系统的动态性能不好，可以采用超前校正网络。它能提供超前的相位角，改善系统的超调量和调节时间。超前校正的计算步骤如下：

1）作原系统根轨迹图。

2）根据动态性能指标，确定主导极点 s_i 在 s 平面上的位置；如果主导极点位于原系统根轨迹的左边，可确定采用超前校正，使原系统根轨迹左移，过主导极点。

3）在新的主导极点上，由幅值条件计算所需补偿的相角差 φ，此补偿角由校正装置提供，计算公式为 $\varphi=\pm180°-\angle G_{\mathrm{o}}(s)\mid_{s=s_i}$。

4）根据补偿角 φ，确定超前校正装置的零极点位置。零极点位置的解是非唯一的，可任意选定。通常采用几何作图法来确定校正装置的零极点位置。

5）由幅值条件计算增益补偿值 K_{c}^*，最后验证校正后系统的动态性能。

2.5.2　滞后校正

当系统的动态性能满足要求而稳态性能达不到要求时，通常采用滞后校正。该校正作用基本上能提高开环增益，而没有明显地改变动态性能，故采用一对靠近原点的开环偶极子且极点靠近原点的校正装置。滞后校正的计算步骤如下：

1）绘制未校正系统的根轨迹。

2）根据动态性能指标，找出根轨迹上的希望闭环主导极点 s_{d}。

3）根据幅角条件，确定希望闭环主导极点所对应的开环增益。

4）根据给定的稳态性能指标，求出所需增加的误差系数，即需要增加的开环增益 α。

5）用作图法，确定滞后校正装置的零点和极点。

6）校验系统动静态指标，并调整附加增益。

2.6　非线性控制系统分析

现实系统中各物理量之间的许多因果关系并不完全是线性的。对于本质为非线性特性的系统，如继电器、死区、滞环、摩擦等非线性系统，不能采用线性化的方法来处理，也不符合叠加原理。非线性对控制系统的影响并不总是负面的，有时为了改善系统的性能或是简化系统的结构，还常常在控制系统中引入非线性部件或更复杂的非线性控制器。

非线性系统的特点如下：

1）线性系统满足叠加原理，而非线性系统不满足叠加原理。

2）非线性系统的稳定状态非常复杂，不仅与固有参数和内部结构有关，还与系统输入大小、扰动大小及系统的初始状态有关。

3）在实际物理系统中，周期振荡不存在于线性系统中，但是可能发生在非线性系统中。

研究非线性系统的方法有相平面法和描述函数法，下面介绍描述函数法。

描述函数法：该方法是达尼尔提出的一种“等效”线性方法，将非线性特性按傅里叶级数展开，忽略高次谐波项，近似为线性系统。也就是说，用描述函数代替非线性环节，然后利用线性频域法分析非线性控制系统的性能。它是非线性特性谐波线性化的一种工程实用近似分析图解法。

描述函数的定义：输入为正弦时，输出的基波分量与输入正弦量的复数比。其数学表达式为

$$N(X)=\frac{Y\sin(\omega t+\phi)}{X\sin\omega t}=\frac{Y}{X}\angle\phi=\frac{\sqrt{{A_1}^2+{B_1}^2}}{X}\angle\arctan\frac{A_1}{B_1} \tag{2-5}$$

$$A_1=\frac{1}{\pi}\int_0^{2\pi}y(t)\cos\omega t\mathrm{d}\omega t \quad B_1=\frac{1}{\pi}\int_0^{2\pi}y(t)\sin\omega t\mathrm{d}\omega t$$

典型非线性环节的描述函数见表2-1。

表2-1　典型非线性环节的描述函数

非线性环节	波形	描述函数
理想继电特性		$N(A)=\frac{4M}{\pi A}(A\geqslant 0)$
死区特性		$N(A)=\frac{2k}{\pi}\left[\frac{\pi}{2}-\arcsin\frac{a}{A}-\frac{a}{A}\sqrt{1-\left(\frac{a}{A}\right)^2}\right]\quad(A\geqslant a)$
饱和特性		$N(A)=\frac{2}{\pi}k\left[\arcsin\frac{a}{A}+\frac{a}{A}\sqrt{1-\left(\frac{a}{A}\right)^2}\right]\quad(A\geqslant a)$
滞环继电器特性		$N(A)=\frac{4M}{\pi A}\angle\arcsin\left(\frac{h}{A}\right)\quad(A\geqslant h)$
死区继电器特性		$N(A)=\frac{4M}{\pi A}\sqrt{1-\left(\frac{a}{A}\right)^2}\quad(A\geqslant a)$

【例22】　已知带有饱和环节的非线性控制系统，如图2-38所示。其中，饱和特性参数为$k=2$，$a=1$，应用描述函数法作系统分析。

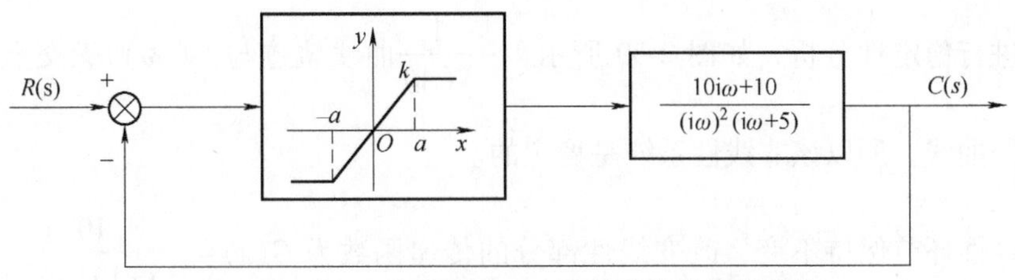

图 2-38　例 22 中带有饱和环节的非线性控制系统

解：饱和特性的描述函数为

$$N(A)=\frac{2}{\pi}k\left[\arcsin\frac{a}{A}+\frac{a}{A}\sqrt{1-\left(\frac{a}{A}\right)^{2}}\right]\quad(k=2,a=1)$$

绘制线性部分的奈奎斯特图，程序为

```
>>num=[10 10];
>>den=conv([1 0 0],[1 5]);
>>G=tf(num,den);
>>nyquist(G)
>>hold on
```

在同一复平面内绘制负倒描述函数曲线，程序为

```
>>k=2;a=1;
>>for A=1:0.1:10
    NA=2*k/pi*(asin(a/A)+(a/A)*sqrt(1-(a/A)^2));
    y=zeros(size(NA));
    plot(-1/(NA),y,'k*')
    hold on,grid
    end
>>axis([-6 1 -5 5])
```

程序运行后，在同一复平面内绘制了非线性特性的负倒描述函数和线性部分的奈奎斯特图，如图 2-39 所示。

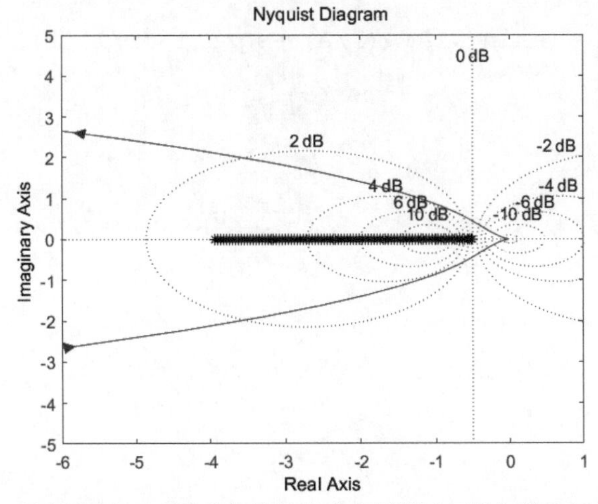

图 2-39　MATLAB 绘制的例 22 系统非线性特性的负倒描述函数与线性部分的奈奎斯特图 1

对系统进行稳定性分析，如图 2-39 所示，$-\frac{1}{N(A)}$曲线轨迹与 $G(\mathrm{i}\omega)$ 无交点，且 $G(\mathrm{i}\omega)$ 不包围$-\frac{1}{N(A)}$曲线，所以该非线性系统是稳定的。

如果非线性环节保持不变，改变线性部分的传递函数为 $G(s)=\frac{10}{s(s+1)(s+2)}$，则可以得到在同一复平面内绘制了非线性特性的负倒描述函数和线性部分的奈奎斯特图，如图 2-40 所示。负倒描述函数为实轴上（$-1/k,-\infty$），即（$-0.5,-\infty$）的区域。线性部分的奈奎斯特曲线为$-\infty$到原点的一条曲线，可见两条曲线相交于负实轴（-1.65, i0），可判断此点可以产生自激振荡。

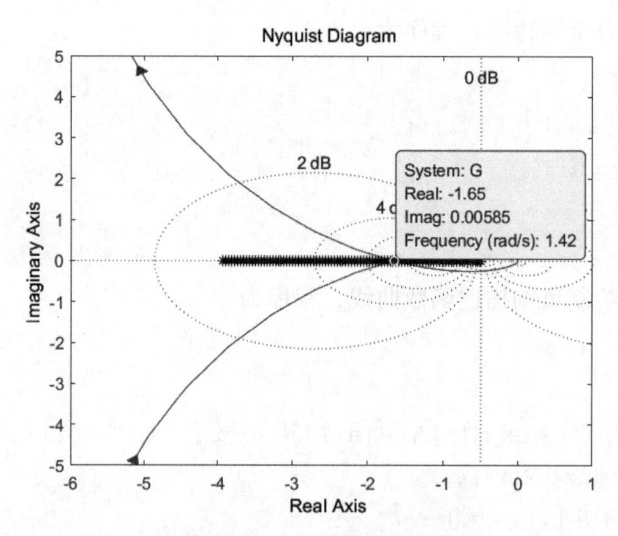

图 2-40　MATLAB 绘制的例 22 系统非线性特性的负倒描述函数与线性部分的奈奎斯特图 2

相交点的频率 $\omega=1.42$，$\mathrm{Re}(G(\mathrm{i}\omega))$ 为 1.65，所以$-\frac{1}{N(A)}=-1.65$，则 $N(A)=0.6$，求解振幅为 4.20。其程序为

```
>>syms A;
>>eqn=2*2/pi*(asin(1/A)+(1/A)*sqrt(1-(1/A)^2))==0.6
>>A=solve(eqn)
A=

4.20376
```

第 3 章

现代控制理论 MATLAB 分析

经典控制理论的研究对象多是单输入单输出（SISO）的线性定常系统，主要研究的是输入和输出这两个变量的关系，是一种外部描述，它们之间的数学关系多采用传递函数的数学模型，传递函数模型是系统的零初始条件下的拉普拉斯变换，不能描述系统全部运动状态，也很难处理多输入多输出的系统。

状态空间分析可以同时适用于 SISO 系统和多输入多输出（MIMO）系统，线性定常系统和线性时变系统。系统的数学模型为状态空间模型，是一组压缩成矩阵形式的一阶微分方程，反映了输入-状态-输出之间的关系，是一种内部描述。

3.1 状态空间模型

对一个线性时不变系统，建立的传递函数模型是唯一的。然而，在建立其状态空间模型时，首先需要选择系统的状态。事实上，系统状态不是唯一的，选择不同的状态，就获得不同的状态空间模型。即使选择相同的状态分量，但组成状态向量的顺序不同，对应的状态空间模型也是不同的。因此，和传递函数模型不同，系统的状态空间模型不是唯一的。

【例 1】 对如下的 RLC 无源网络构建状态空间模型：

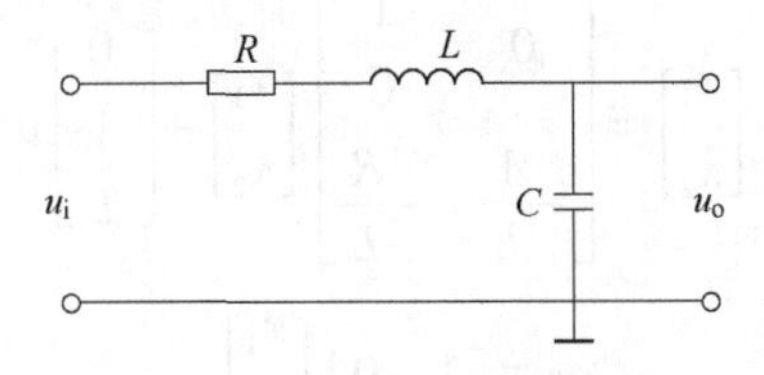

图 3-1　RLC 无源网络

解： 具有明确物理含义的常用变量主要有回路电流、电阻器电压、电容器电压与电量、电感器电压和磁通量。在给定输入电压，输出为电容两端电压 u_C，列写方程组为

$$\begin{cases} L\dfrac{\mathrm{d}i(t)}{\mathrm{d}t}+Ri(t)+u_C(t)=u(t) \\ C\dfrac{\mathrm{d}u_C(t)}{\mathrm{d}t}=i(t) \end{cases} \tag{3-1}$$

1）设状态变量为回路电流和电容电压，即 $x_1=i, x_2=u_C(t)=\dfrac{1}{C}\int i\mathrm{d}t$，则状态方程为

$$\dot{x}_1=-\frac{R}{L}x_1-\frac{1}{L}x_2+\frac{1}{L}u \tag{3-2}$$

$$\dot{x}_2=\frac{1}{C}x_1 \tag{3-3}$$

写成矩阵形式为

$$\begin{bmatrix}\dot{x}_1\\ \dot{x}_2\end{bmatrix}=\begin{bmatrix}-\frac{R}{L} & -\frac{1}{L}\\ \frac{1}{C} & 0\end{bmatrix}\begin{bmatrix}x_1\\ x_2\end{bmatrix}+\begin{bmatrix}\frac{1}{L}\\ 0\end{bmatrix}u \tag{3-4}$$

输出方程为

$$y=x_2 \tag{3-5}$$

写成矩阵形式为

$$y=[0\quad 1]\begin{bmatrix}x_1\\ x_2\end{bmatrix} \tag{3-6}$$

状态空间模型简记为

$$\begin{cases}\dot{\boldsymbol{x}}=\boldsymbol{A}\boldsymbol{x}+\boldsymbol{B}u\\ y=\boldsymbol{C}\boldsymbol{x}+\boldsymbol{D}u\end{cases} \tag{3-7}$$

式中

$$\boldsymbol{x}=\begin{bmatrix}x_1\\ x_2\end{bmatrix}\quad \dot{\boldsymbol{x}}=\begin{bmatrix}\dot{x}_1\\ \dot{x}_2\end{bmatrix}$$

$$\boldsymbol{A}=\begin{bmatrix}-\frac{R}{L} & -\frac{1}{L}\\ \frac{1}{C} & 0\end{bmatrix}\quad \boldsymbol{B}=\begin{bmatrix}\frac{1}{L}\\ 0\end{bmatrix}\quad \boldsymbol{C}=[0\quad 1]\quad \boldsymbol{D}=0$$

2）设状态变量为回路电流和电容电压，顺序互换，即 $x_1=\frac{1}{C}\int i\mathrm{d}t$，$x_2=i$，则状态空间模型变为

$$\begin{bmatrix}\dot{x}_1\\ \dot{x}_2\end{bmatrix}=\begin{bmatrix}0 & \frac{1}{C}\\ -\frac{1}{L} & -\frac{R}{L}\end{bmatrix}\begin{bmatrix}x_1\\ x_2\end{bmatrix}+\begin{bmatrix}0\\ \frac{1}{L}\end{bmatrix}u$$

$$y=[1\quad 0]\begin{bmatrix}x_1\\ x_2\end{bmatrix} \tag{3-8}$$

可见，状态变量的顺序发生变化，得到的状态空间模型不同。

假设有 n 个状态 $\boldsymbol{x}$，p 个输入 $\boldsymbol{u}$，q 个输出 $\boldsymbol{y}$，称 $n\times n$ 矩阵 $\boldsymbol{A}(t)$ 为系统矩阵或状态矩阵，称 $n\times p$ 矩阵 $\boldsymbol{B}(t)$ 为控制矩阵或输入矩阵，称 $q\times n$ 矩阵 $\boldsymbol{C}(t)$ 为输出矩阵或观测矩阵，称 $q\times p$ 矩阵 $\boldsymbol{D}(t)$ 为前馈矩阵或输入输出矩阵。对于线性连续定常系统，$\boldsymbol{A}(t)$、$\boldsymbol{B}(t)$、$\boldsymbol{C}(t)$、$\boldsymbol{D}(t)$ 是满足相应维数的常数矩阵。

3.1.1 建立数学模型的 MATLAB 指令

线性定常连续系统可以直接用 ss 函数来建立状态空间模型，也可以由传递函数模型或零极点模型转换得来。

1. ss 函数

功能：建立系统的状态空间模型。

格式：sys=ss(A,B,C,D)。

说明：状态空间法是反映输入变量、状态变量和输出变量间关系的一对向量方程，揭示

了系统内部状态对系统性能的影响。可将一组一阶微分方程表示成状态空间模型的形式：

$$\begin{cases}\dot{x}=Ax+Bu\\ y=Cx+Du\end{cases} \tag{3-9}$$

在 MATLAB 中，系统状态空间模型用系数矩阵（A,B,C,D）表示，在建立模型时直接输入模型矩阵参数即可。若输入的矩阵维数不匹配，系统显示出错信息，指出系统矩阵维数不匹配。

【例 2】 设系统的状态空间表达式为

$$\dot{\boldsymbol{x}}(t)=\begin{bmatrix}0 & 0 & 1\\ -\dfrac{3}{2} & -2 & -\dfrac{1}{2}\\ -3 & 0 & -4\end{bmatrix}\boldsymbol{x}(t)+\begin{bmatrix}1 & 1\\ -1 & -1\\ -1 & -3\end{bmatrix}\boldsymbol{u}(t)$$

$$\boldsymbol{y}(t)=\begin{bmatrix}1 & 0 & 0\\ 0 & 1 & 0\end{bmatrix}\boldsymbol{x}(t)$$

试建立该系统的状态空间表达式。

解： 程序为

```
>>A=[0  0  1;-3/2  -2  -1/2;-3  0  -4];
>>B=[1  1;-1  -1;-1  -3];C=[1  0  0;0  1  0];
>>D=zeros(2,2);
>>sys=ss(A,B,C,D)

sys=

A=
        x1     x2     x3
  x1    0      0      1
  x2    -1.5   -2     -0.5
  x3    -3     0      -4

B=
        u1     u2
  x1    1      1
  x2    -1     -1
  x3    -1     -3

C=
        x1     x2     x3
  y1    1      0      0
  y2    0      1      0

D=
        u1     u2
```

```
  y1  0  0
  y2  0  0

Continuous-time state-space model.
```

2. tf2ss 函数

功能：将系统的传递函数模型转换为状态空间模型。

格式：[A,B,C,D]=tf2ss(num,den)。

说明：tf2ss 函数可将给定的系统传递函数模型变换为状态空间模型。

【例 3】 设控制系统的传递函数为

$$G(s)=\frac{3s+1}{s^3+5s^2+8s+4}$$

试建立该系统的状态空间表达式。

解：程序为

```
>>num=[3 1];
>>den=[1 5 8 4];
>>[A,B,C,D]=tf2ss(num,den)

A=
  -5    -8    -4
  1     0     0
  0     1     0

B=
    1
    0
    0

C=
    0    3    1

D=
    0
```

3. zp2ss 函数

功能：将系统的零极点增益模型转换为状态空间模型。

格式：[A,B,C,D]=zp2ss(z,p,k)。

说明：zp2ss 函数可将给定的系统零极点增益模型变换为状态空间模型。

【例 4】 设控制系统的零极点增益模型为

$$G(s)=\frac{2(s+4)(s+6)}{(s+1)(s+2)(s+3)}$$

试建立该系统的状态空间表达式。

解：程序为

```
>>z=[-4,-6];
>>p=[-1,-2,-3];
>>k=2;
>>[A,B,C,D]=zp2ss(z,p,k)

A=
    -6    -3
    3     0
B=
    1
    0
C=
    8    10
D=
    2
```

4. ssdata 函数

功能：由系统模型获得状态空间模型。

格式：[A,B,C,D]=ssdata(sys)。

说明：ssdata 函数可获得给定系统模型的状态空间模型。

【例 5】 设控制系统的零极点增益模型为

$$G(s)=\frac{2(s+4)(s+6)}{(s+1)(s+2)(s+3)}$$

试建立该系统的状态空间表达式。

解：程序为

```
>>z=[-4,-6];
>>p=[-1,-2,-3];
>>k=2;
>>sys=zpk(z,p,k);
>>[A,B,C,D]=ssdata(sys)

A=
    -3.0000    1.7321
          0    -3.0000

B=
    2.0000
    3.4641
```

```
C=
    1.00001.7321

D=
    2
```

由例 4 和例 5 的结果可以看出，对于同一个模型，采用不同的方法建立的状态空间表达式是不相同的，这也反映了状态空间表达式的非唯一性。

5. ss2ss 函数

功能：状态空间模型的相似变换。

格式：sys2=ss2ss(sys1,T)。

说明：将系统模型 sys1 经过非奇异矩阵 T 等价变换成系统模型 sys2。

【例 6】 已知控制系统的状态空间表达式为

$$\dot{\boldsymbol{x}}=\begin{bmatrix}0 & 1\\ -2 & -3\end{bmatrix}\boldsymbol{x}+\begin{bmatrix}1\\ 1\end{bmatrix}\boldsymbol{u}$$

$$\boldsymbol{y}=\begin{bmatrix}1 & 0\end{bmatrix}\boldsymbol{x}$$

求在变换矩阵 $\boldsymbol{T}$ 时系统矩阵的相似变换。已知 $\boldsymbol{T}=\begin{bmatrix}1 & 1\\ -1 & -2\end{bmatrix}^{-1}$。

解：程序为

```
>>A=[0 1;-2 -3];B=[1;1];C=[1 0];D=0;
>>T=inv([1 1;-1 -2]);
>>[A1,B1,C1,D1]=ss2ss(A,B,C,D,T)

A1=
  -1    0
  0    -2

B1=
  3
  -2

C1=
  1    1

D1=
  0
```

6. ord2 函数

功能：生成二阶状态空间模型。

格式：[A,B,C,D]=ord2(wn,z)。

说明：生成固有频率为 wn，阻尼系数为 z 的连续状态空间模型系统。

【例 7】　生成一个自然振荡频率 wn=3，阻尼系数 z=0.5 的二阶状态空间模型。

解：程序为

```
>>wn=3;z=0.5;
>>[A,B,C,D]=ord2(wn,z)

A=
  0   1
 -9  -3

B=
  0
  1

C=
  1   0

D=
  0
```

3.1.2　状态空间模型的转换

1. tf2ss 函数

功能：将系统的传递函数模型转换为状态空间模型。

格式：[A,B,C,D]=tf2ss(num,den)。

说明：tf2ss 函数可将给定的系统传递函数模型变换为状态空间模型。

2. ss2tf 函数

功能：将状态空间模型转换为传递函数模型。

格式：[num,den]=ss2tf(A,B,C,D,iu)。

说明：iu 用于指定变换所使用的输入序号，如果是单输入系统，iu 可以省略；如果是多输入系统，必须转换多次。

3. zp2ss 函数

功能：将系统的零极点模型转换为状态空间模型。

格式：[A,B,C,D]=zp2ss(z,p,k)。

说明：zp2ss 函数可将给定的系统零极点模型变换为状态空间模型。

4. ss2zp 函数

功能：将状态空间模型转换为零极点模型。

格式：[z,p,k]=ss2zp(A,B,C,D,iu)。

说明：iu 用于指定变换所使用的输入序号，如果是单输入系统，iu 可以省略；如果是多输入系统，必须转换多次。

【例 8】 考虑以下状态空间模型描述的系统：

$$\begin{bmatrix}\dot{x}_1\\ \dot{x}_2\end{bmatrix}=\begin{bmatrix}0 & 1\\ -20 & -4\end{bmatrix}\begin{bmatrix}x_1\\ x_2\end{bmatrix}+\begin{bmatrix}1 & 1\\ 0 & 1\end{bmatrix}\begin{bmatrix}u_1\\ u_2\end{bmatrix}$$

$$\begin{bmatrix}y_1\\ y_2\end{bmatrix}=\begin{bmatrix}1 & 0\\ 0 & 1\end{bmatrix}\begin{bmatrix}x_1\\ x_2\end{bmatrix}$$

求其传递函数模型。

解：这是一个 2 输入 2 输出系统。描述该系统的传递函数是一个 2×2 维矩阵，它包括 4 个传递函数，有

$$\begin{bmatrix}G_{11}(s) & G_{12}(s)\\ G_{21}(s) & G_{22}(s)\end{bmatrix}=\begin{bmatrix}Y_1(s)/U_1(s) & Y_1(s)/U_2(s)\\ Y_2(s)/U_1(s) & Y_2(s)/U_2(s)\end{bmatrix}$$

对多输入的系统，求解时分别对各个输入信号来进行转换。

程序为

```
>>A=[0 1;-20 -4];B=[1 1;0 1];
>>C=[1 0;0 1];
>>D=zeros(2);
>>[num1 den1]=ss2tf(A,B,C,D,1)

num1=
    0    1    4
    0    0  -20

den1=
    1    4    20

>>[num2 den2]=ss2tf(A,B,C,D,2)

num2=
          0    1.0000    5.0000
          0    1.0000  -20.0000

den2=
    1    4    20
```

因此所求的传递函数为

$$\begin{bmatrix}\dfrac{s+4}{s^2+4s+25} & \dfrac{s+5}{s^2+4s+25}\\ \dfrac{-20}{s^2+4s+25} & \dfrac{s-20}{s^2+4s+25}\end{bmatrix}$$

3.1.3　状态空间模型的系统连接及化简

MATLAB 中状态空间模型的系统连接方法与前面介绍的基本相同。因为状态空间模型可以描述 MIMO 控制系统，在系统的连接方式上有部分串联、部分并联和部分反馈连接的方式。这是与以传递函数描述的系统连接的不同之处。

1. series 函数

功能：将两个状态空间模型串联形成新的系统。

格式：[a,b,c,d]=series(a1,b1,c1,d1,a2,b2,c2,d2,out1,in2)。

说明：将两个串联或部分串联的系统形成新的系统。如果是部分串联形式，则需要使用状态空间模型，并指定系统 1 的部分输出和系统 2 的部分输入进行连接，如图 3-2 所示。

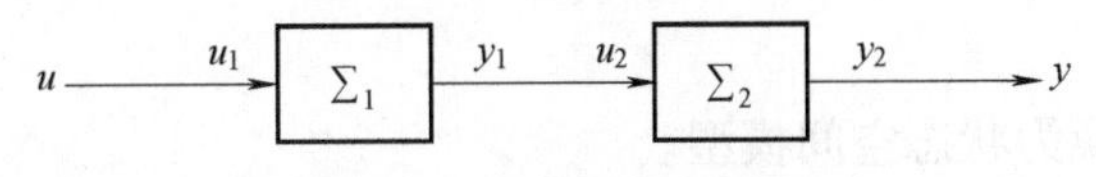

图 3-2　系统的串联连接

2. parallel 函数

功能：将两个状态空间模型并联形成新的系统。

格式：[a,b,c,d]=parallel(a1,b1,c1,d1,a2,b2,c2,d2,inp1,inp2,out1,out2)。

说明：将两个并联或部分并联的系统形成新的系统。如果是部分并联形式，则需要使用状态空间模型，并指定两系统中要连接在一起的输入端编号和输出端编号，如图 3-3 所示。

3. feedback 函数

功能：将两个状态空间模型反馈形成新的系统。

格式：[a,b,c,d]=feedback(a1,b1,c1,d1,a2,b2,c2,d2,inp1,inp2,out1,out2,sign)。

说明：如果是部分反馈形式，则需要使用状态空间模型，并指定两系统中要连接在一起的输入端编号和输出端编号，如图 3-4 所示。如果是全部反馈连接形式，则省略变量 inp1、inp2、out1、out2。

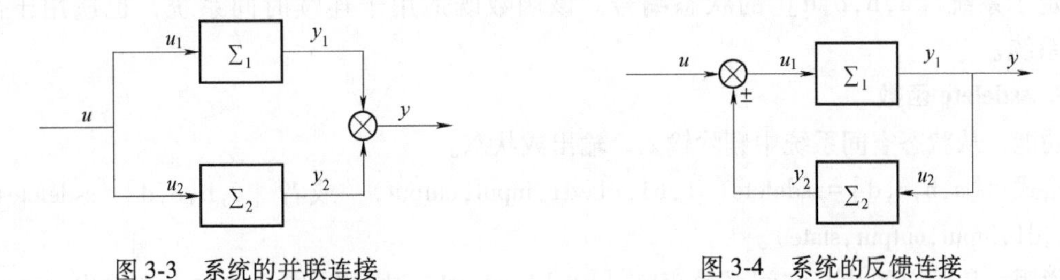

图 3-3　系统的并联连接　　　　图 3-4　系统的反馈连接

特别地，对于单位反馈系统，MATLAB 提供了更简单的处理函数 cloop( )，其调用格式如下：

[a,b,c,d]=cloop(a1,b1,c1,d1,sign)

或[a,b,c,d]=cloop(a1,b1,c1,d1,outputs,inputs)

4. append 函数

功能：将两个状态空间模型系统进行组合成结构图。

格式：[a,b,c,d]=append(a1,b1,c1,d1,a2,b2,c2,d2)。

说明：这两个系统之间没有任何连接，将两个系统的输入之和作为总输入，将两个系统的输出之和作为总输出，如图3-5所示。

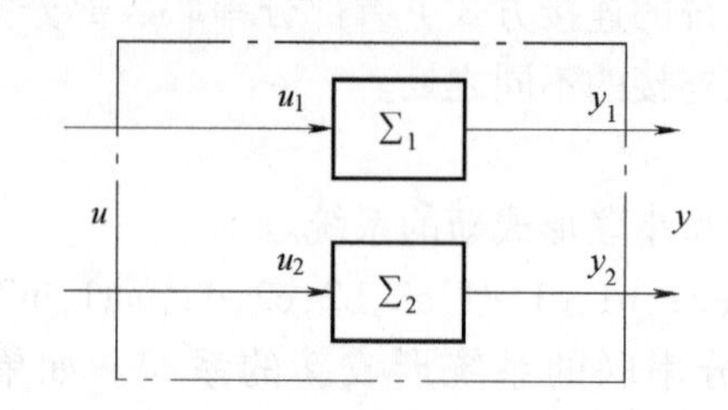

图3-5 系统的组合

5. connect 函数

功能：将结构图转换为状态空间模型。

格式：[a,b,c,d]=connect(a1,b1,c1,d1,Q,input,output)，或者 sysc=connect(sys,Q,input,output)。

说明：可得到状态空间模型。其中，[a1,b1,c1,d1] 是给定的无连接对角方块，Q矩阵用于指定内部连接关系。Q矩阵的每一行对应于一个有连接关系的输入，其第一个元素为输入编号，其后为连接该输入的输出编号，如采用负连接，则以负值表示。input 用于选择系统 [a,b,c,d] 的输入编号，output 用于选择系统 [a,b,c,d] 的输出编号。

6. ssselect 函数

功能：从大状态空间系统中选择一个子系统。

格式：[a,b,c,d]=ssselect(a1,b1,c1,d1,input,output)，或者 [a,b,c,d]=ssselect(a1,b1,c1,d1,input,output,state)。

说明：从给定的状态空间系数矩阵 [a1, b1, c1, d1] 中选择一个子系统。input 用于指定子系统 [a,b,c,d] 的输入，output 用于指定子系统 [a,b,c,d] 的输出，state 用于指定子系统 [a,b,c,d] 的状态编号。该函数既适用于连续时间系统，也适用于离散时间系统。

7. ssdelete 函数

功能：从状态空间系统中删除输入、输出或状态。

格式：[a,b,c,d]=ssdelete(a1,b1,c1,d1,input,output)，或者 [a,b,c,d]=ssdelete(a1,b1,c1,d1,input,output,state)。

说明：从给定的状态空间系数矩阵 [a1,b1,c1,d1] 中删除指定的输入和输出。input 用于指定要删除的输入编号，output 用于指定要删除的输出编号。另外，state 用于指定要删除的状态编号。该函数既适用于连续时间系统，也适用于离散时间系统。

【例9】 图3-6所示的模型具有复杂系统连接关系，其中 $\boldsymbol{A}=\begin{bmatrix}0 & 0\\1 & 0\end{bmatrix}$，$\boldsymbol{B}=\begin{bmatrix}1\\0\end{bmatrix}$，$\boldsymbol{C}=[0 \quad 1]$，$D=0$。用 connect 函数求取系统的总模型，并进行验证。

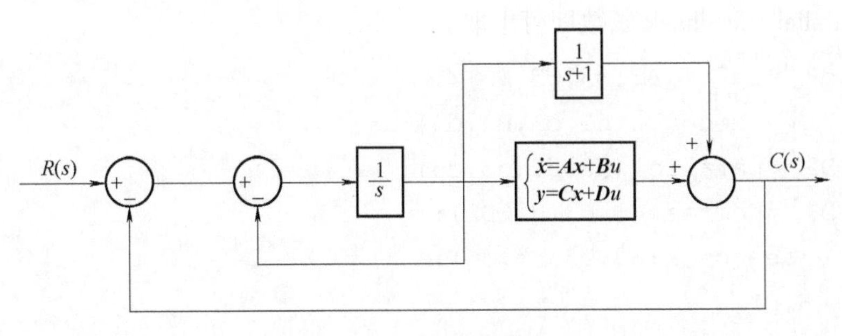

图 3-6 复杂系统模型

解：程序为

```
>>n1=1;d1=[1 0];
>>n2=1;d2=[1 1];                          % 输入模块 1 和模块 2 的传递函数模型
>>[A1,B1,C1,D1]=tf2ss(n1,d1);
>>[A2,B2,C2,D2]=tf2ss(n2,d2);             % 将传递函数模型转换成状态空间表达式
>>A3=[0  0;1  0];B3=[1;0];C3=[0 1];D3=0;
>>[a1,b1,c1,d1]=append(A1,B1,C1,D1,A2,B2,C2,D2);
>>[a2,b2,c2,d2]=append(a1,b1,c1,d1,A3,B3,C3,D3);   % 建立无连接关系的
% 对角块状态空间模型
>>n4=1;d4=1;n5=1;d5=1;                     % 输入模块 4 和模块 5,并建立无连接关系
>>[A4,B4,C4,D4]=tf2ss(n4,d4);
>>[A5,B5,C5,D5]=tf2ss(n5,d5);
>>[a3,b3,c3,d3]=append(a2,b2,c2,d2,A4,B4,C4,D4);
>>[a4,b4,c4,d4]=append(a3,b3,c3,d3,A5,B5,C5,D5);
>>Q1=[1 -4  -5;2 1 0;3 1 0;4 1 0;5 2 3];            % 输入连接关系 Q1 矩阵
>>in=1;out=5;                       % 将输入 1 作为外部输入,将输出 5 作为外部输出
>>[aa,bb,cc,dd]=connect(a4,b4,c4,d4,Q1,in,out)
                                                    % 用 connect 函数求取
>>[nn,dd]=ss2tf(aa,bb,cc,dd);
>>GT=tf(nn,dd)

GT=
            s^2+s+1
    ----------------------------------
    s^4+2 s^3+2 s^2+s+1
  Continuous-time transfer function.
```

使用 connect 函数，可以获得如上复杂系统的总模型为

$$G(s)=\frac{s^2+s+1}{s^4+2s^3+2s^2+s+1}$$

下面进行验证，因为每个模块均为 SISO 系统，连接关系为串、并联、负反馈连接，所以

使用 series、parallel、feedback 函数即可求取。

```
>> [n3,d3]=ss2tf(A3,B3,C3,D3);
>> [H1,D1]=feedback(n1,d1,n4,d4);
>> [H2,D2]=parallel(n2,d2,n3,d3);
>> [H3,D3]=series(H1,D1,H2,D2);
>> [H,D]=feedback(H3,D3,n5,d5);
>> G=tf(H,D)

G=

          s^2+s+1
  ---------------------------
  s^4+2 s^3+2 s^2+s+1

Continuous-time transfer function.
```

可见，如果连接关系简单，使用 series、parallel、feedback 函数即可；如果连接关系比较复杂，如含有 MIMO 模块，则需要用 connect 函数求取。

3.2 系统的可控性、可观测性判定

1. 线性连续定常系统状态能控性定义

对于线性连续定常系统，若存在一个无约束的容许控制 $u(t)$，能在有限时间区间 (t_0,t_f) 内，使系统由某一初始状态 $x(t_0)$，转移到任意终端状态 $x(t_f)$，则称此状态是能控的。若系统所有的状态都是能控的，则称此系统是状态完全能控的，简称系统是能控的。

若系统中至少存在一个状态不能控，那么系统就是状态不完全能控的，则此系统可以分解成能控子系统和不能控子系统。

2. 线性连续定常系统状态能观性定义

对于线性连续定常系统，若对于任意给定的输入 $u(t)$，能在有限时间区间 (t_0,t_f) 内的输出 $y(t)$，唯一地确定系统在初始时刻的某一初始状态 $x(t_0)$，则称此状态 $x(t_0)$ 是能观的。若系统在初始时刻的所有初始状态都是能观的，则称系统是状态完全能观的，简称系统是能观的。

若系统中至少存在一个状态不能观，那么系统就是状态不完全能观的，则此系统可以分解成能观子系统和不能观子系统。

能控性矩阵为 $\boldsymbol{U}_C=[\boldsymbol{B}\quad \boldsymbol{AB}\quad \boldsymbol{A}^2\boldsymbol{B}\quad \cdots\quad \boldsymbol{A}^{n-1}\boldsymbol{B}]$。

或者，能控的格拉姆矩阵为 $\boldsymbol{W}_C=\int_0^{\infty}\mathrm{e}^{A\tau}\boldsymbol{B}\boldsymbol{B}^{\mathrm{T}}\mathrm{e}^{A_\tau^{\mathrm{T}}}\mathrm{d}\tau$ 。

当 $\mathrm{rank}\boldsymbol{U}_C=n$ 或 $\mathrm{rank}\boldsymbol{W}_C=n$ 时，系统的状态完全能控，否则系统不能控。

能观性矩阵为 $V_0=\begin{bmatrix} C \\ CA \\ \vdots \\ CA^{n-1} \end{bmatrix}$。

或者，能观的格拉姆矩阵为 $W_0=\int_0^{\infty} e^{A_\tau^T}C^TCe^{A\tau}d\tau$。

当 rank$V_0=n$，或 rank$W_0=n$ 时，系统的状态完全能观，否则系统不能观。

3. MATLAB 中用来判断可控性、可观性的函数

（1）ctrb 函数

功能：求能控性矩阵。

格式：Uc=ctrb(A,B)。

说明：获得能控矩阵后，判断能控矩阵 Uc 的秩，如满秩，系统是能控的；否则是不能控的，系统可以分解。该函数既适用于连续时间系统，也适用于离散时间系统。

（2）obsv 函数

功能：求能观性矩阵。

格式：Vo=obsv(A,C)。

说明：用此函数获得能观矩阵后，判断能观矩阵 Vo 的秩，如满秩，系统是能观的；否则是不能观的，系统可以分解。该函数既适用于连续时间系统，也适用于离散时间系统。

（3）gram 函数

功能：求能控性或能观性的格拉姆矩阵。

格式：Wc=gram(sys,'c') 或 Wc=gram(A,B)，或者
　　　Wc=gram(sys,'o') 或 Wc=gram(A',C')。

说明：使用 gram(A,B)或 gram(sys,'c') 可获得能控的格拉姆矩阵；使用 gram（A', C'）或 gram（sys，'o'）可获得能观的格拉姆矩阵；获得 gram 矩阵后，判断 gram 矩阵的秩，如满秩，系统是能控的或能观的；否则是不能控的或不能观，系统可以分解。

（4）ctrbf 函数

功能：将不能控系统分解成可控与不可控子系统。

格式：[Ac,Bc,Cc,Tc,kc]=ctrbf(A,B,C)。

说明：Ac、Bc、Cc 对应转换后系统的 A、B、C；Tc 为相似变换阵；kc 是长度为 n 的一个矢量，其元素为各个块的秩，sum（kc）可求出 A 中能控部分的秩。

（5）obsvf 函数

功能：将不能观系统分解成可观与不可观子系统。

格式：[Ao,Bo,Co,To,ko]=obsvf(A,B,C)。

说明：Ao、Bo、Co 对应转换后系统的 A、B、C；To 为相似变换阵；ko 是长度为 n 的一个矢量，其元素为各个块的秩，sum（ko）可求出 A 中能观部分的秩。

（6）canon 函数

功能：将连续状态模型变为规范形（标准型）。

格式：[As,Bs,Cs,Ds]=canon(A,B,C,D,'option')。

说明：option 为 model 或默认值时，As 为对角型；option 为 companion 时，As 为约当型。

【例 10】 已知线性定常连续系统的状态空间表达式为

$$\dot{\boldsymbol{x}}(t)=\begin{bmatrix}-2 & 1 & -1\\0 & -2 & 0\\1 & 1 & 0\end{bmatrix}\boldsymbol{x}(t)+\begin{bmatrix}0\\0\\1\end{bmatrix}\boldsymbol{u}(t)$$

$$\boldsymbol{y}(t)=\begin{bmatrix}1 & 0 & 1\end{bmatrix}\boldsymbol{x}(t)$$

试判断系统是否能控？系统状态是否能观？如果不能控或不能观，进行能控性分解或能观性分解。求系统的规范型（对角）模型。

解：

1）判断系统可控性和可观性，程序为

```
>>A=[-2 1 -1;0 -2 0;1 1 0];B=[0;0;1];C=[1 0 1];
>>D=0;
>>Wc=gram(A,B);
>>Wo=gram(A',C');
>> if rank(Wc)==3
        if rank(Wo)==3
            disp('系统状态既能控又能观测');
        else
            disp('系统状态能控,但不能观测')
        end
    else if rank(Wo)==3
            disp('系统状态能观测,但不能控');
            else
            disp('系统状态不能控,也不能观测');
        end
    end
```

运行结果显示，系统状态不能控，也不能观测。

2）进行能控性分解或能观性分解，程序为

```
>>[Ac,Bc,Cc,Tc,kc]=ctrbf(A,B,C)
>>[Ao,Bo,Co,To,ko]=obsvf(A,B,C)
```

运行结果为

```
Ac =
    -2    0    0
    -1   -2    1
    1    -1    0

Bc =
    0
    0
    1
```

```
Cc =
    0    -1    1

Tc =
    0    1    0
    -1   0    0
    0    0    1

kc =
    1    1    0

Ao =
    -1.0000    -0.0000    2.0000
    -0.0000    -2.0000    -0.0000
    0.0000     1.4142     -1.0000

Bo =
    0.7071
    -0.0000
    0.7071

Co =
    0.0000     -0.0000    1.4142

To =
    -0.7071    0.0000     0.7071
    0.0000     1.0000     -0.0000
    0.7071     0          0.7071

ko =
    1          1          0
```

由于系统状态不能控，也不能观测，所以 kc、ko 为不全 1 向量。Ac1 = Ac(2:3,2:3) = [-2,1;-1,0],Bc1 = Bc(2:3,:) = [0;1],Cc1 = Cc(:,2:3) = [-1,1]构成可控子系统（Ac1, Bc1）。Ao1 = Ao(2:3,2:3) = [-2.0000 -0.0000;1.4142 -1.0000],Bo1 = Bo(2:3,:) = [-0.0000;0.7071],Co1 = Co(:,2:3) = [-0.0000　1.4142]构成可观子系统(Ao1,Co1)。

3）求解系统的规范型（对角）模型，程序为

```
>>[a,b,c,d] = canon(A,B,C,D)

a =
```

```
     -1      -2      0
     0       -1      0
     0       0       -2

b =
     1.4142
     -1.4142
            0

c =
     0.0000  -0.7071  -0.0005

d =
     0
```

3.3　状态空间的稳定性分析

前面针对线性定常系统的稳定性分析介绍了多种方法，如根轨迹方法、时域响应方法、劳斯稳定判据、奈奎斯特稳定判据等。在状态空间研究方法中，利用李雅普诺夫第二法（直接法）判断系统的稳定性，对于 MIMO 系统、非线性系统和时变系统是特别有用的。

1. lyap 函数

功能：计算系统的李雅普诺夫对称矩阵。

格式：P=lyap(A,Q)。

说明：可以用此函数计算系统的李雅普诺夫矩阵，如果此矩阵是正定的，则系统是稳定的。

2. roots 函数

功能：计算系统特征方程的根。

格式：roots(A)。

说明：可以用此函数计算闭环系统特征方程的根，特征根均具有负实部，系统才稳定。

3. eig 函数

功能：计算系统特征值。

格式：eig(A)，或者［V,D］=eig(A)。

说明：可以用此函数计算闭环系统特征值，本质上特征值就是特征根，也是系统的闭环极点。特征值均具有负实部，系统才稳定。

4. pole 函数

功能：计算系统极点。

格式：p=pole(sys)。

说明：可以用此函数计算开环系统或闭环系统的极点。此函数等同于 eig 函数。

5. pzmap 函数

功能：绘制系统零极点。

格式：pzmap(sys)，或者[p,z]=pzmap(sys)。

说明：可以用此函数绘制出状态空间的零极点图。其中，极点用“×”表示，零点用“o”表示。如果有输出变量，则保存到变量 p 和 z 中。

6. dlyap 函数

功能：计算离散系统的李雅普诺夫对称矩阵。

格式：P=dlyap(A,Q)。

说明：可以用此函数计算系统的李雅普诺夫矩阵，如果此矩阵是正定的，则系统是稳定的。此函数类似 lyap 函数。

【例 11】　已知系统的状态空间模型为

$$\dot{\boldsymbol{x}}=\begin{bmatrix}-3 & -2 & -10\\1 & 0 & 0\\0 & 1 & 0\end{bmatrix}\boldsymbol{x}+\begin{bmatrix}1\\0\\0\end{bmatrix}\boldsymbol{u}$$

$$\boldsymbol{y}=\begin{bmatrix}0 & 0 & 10\end{bmatrix}\boldsymbol{x}$$

试用李雅普诺夫方法判断系统的稳定性，并用其他方法验证。

解：

1）李雅普诺夫方法判断系统的稳定性，程序为

```
>>A=[-3 -2 -10;1 0 0;0 1 0];
>>B=[1;0;0];
>>C=[0 0 10];
>>D=0;
>>sys=ss(A,B,C,D);                          % 建立状态空间模型
>>G=tf(sys);                                % 建立传递函数模型
>>Q=eye(size(A));P=lyap(A,Q)% 选 Q 为 3 阶单位矩阵,并求解李雅普诺夫矩阵
```

得

```
P=
  -17.0000     -0.5000     5.2500
  -0.5000      -5.2500     -0.5000
  5.2500       -0.5000     -1.5250
```

判断矩阵 P 的正定性，有

```
>>r=length(P);                  %取 P 的长度
>>for i=1:r                     %循环求矩阵 P 的子矩阵的行列式构成了 Pp 矩阵
Pp(i)=det(P(1:i,1:i));
end
        >>k=find(Pp<=0)         %寻找小于等于 0 的 Pp 矩阵行列式的元素
>>if isempty(k)                 %判断是否为空
s='matrix P is positive definite matrix'%k 是空的,则 P 为正定阵
else
s='P is non-definite matrix'% k 不空,则矩阵 P 为非正定阵
end
```

运行结果为

```
k=
    1
s=
   'P is non-definite matrix'
```

即矩阵 P 非正定，所以系统不稳定。

2）检验。

① 特征值检验程序为

```
>>V=eig(A)
```

可以得到的特征值为 V=-3.3089+i0.0000，0.1545+i1.7316，0.1545-i1.7316，系统存在正的特征值，故系统不稳定。

② 特征根检验程序为

```
>>roots(poly(A))
```

可以得到的特征根为 V=-3.3089+i0.0000，0.1545+i1.7316，0.1545-i1.7316，系统存在正的特征根，故系统不稳定。

③ 求系统的极点程序为

```
>>pole(sys)
```

可以得到系统的极点为 V=-3.3089+i0.0000，0.1545+i1.7316，0.1545-i1.7316，系统存在正的极点，故系统不稳定。

④ 绘制系统零极点图程序为

```
>>pzmap(sys)
```

如图 3-7 所示，系统在 s 平面的右半平面存在两个实部为正值的共轭极点，故系统不稳定。

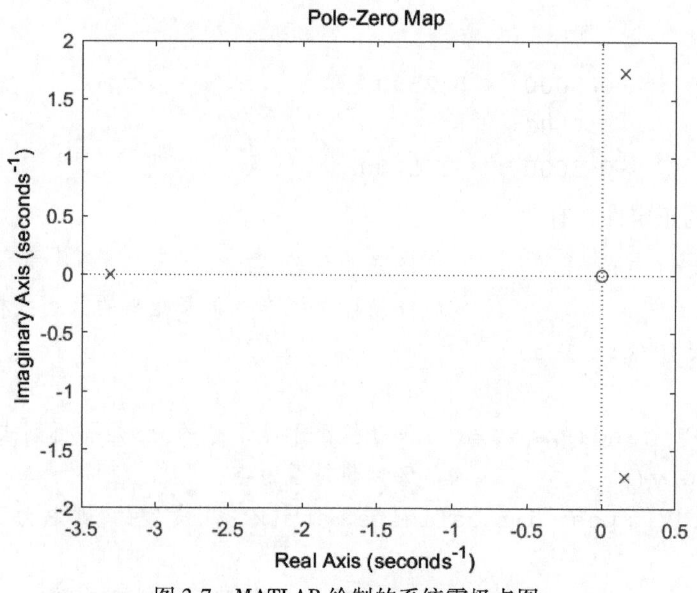

图 3-7 MATLAB 绘制的系统零极点图

⑤ 绘制系统单位阶跃响应程序为

```
>>step(sys)
```

绘制的系统单位阶跃响应曲线如图 3-8 所示。

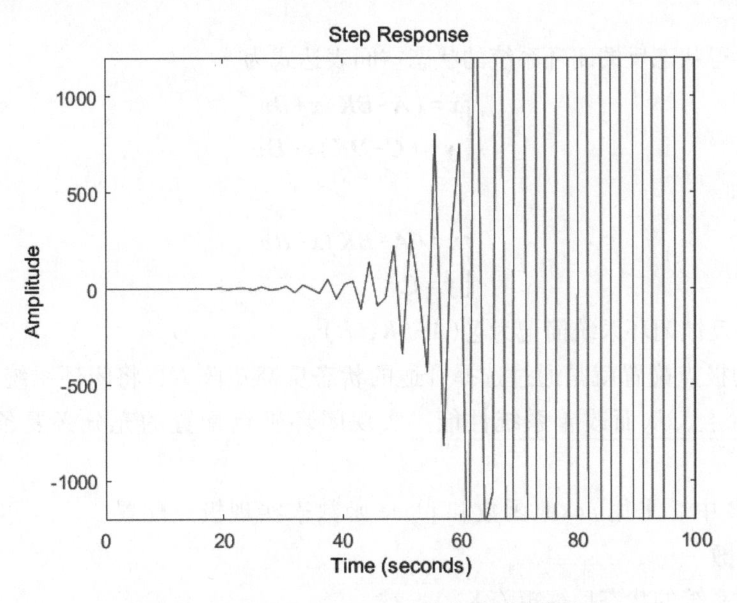

图 3-8　MATLAB 绘制的系统单位阶跃响应曲线

可见系统的单位阶跃响应曲线是发散的，即系统不稳定。在稳定性判断上，还可以利用频域法对系统进行判定。

3.4　状态反馈的极点配置方法

反馈控制是经典控制理论中最基础也是最重要的控制原理，通常用系统输出作为反馈。在现代控制理论中，经常采用状态反馈来优化系统性能，从而得到较满意的系统性能。

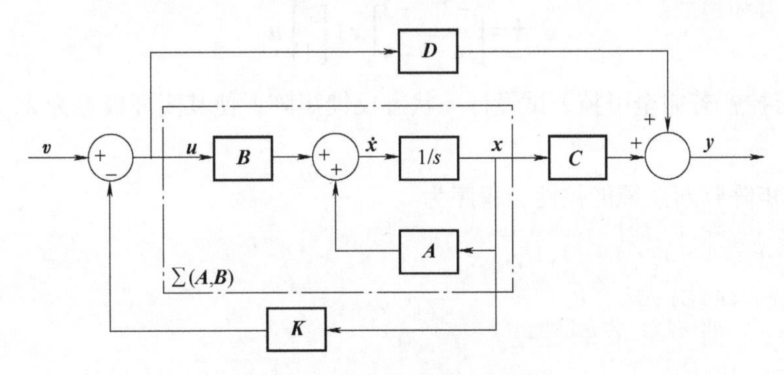

图 3-9　状态反馈的系统框图

图 3-9 中，原系统$\sum(\boldsymbol{A},\boldsymbol{B})$的状态空间表达式为

$$\begin{cases}\dot{\boldsymbol{x}}=\boldsymbol{A}\boldsymbol{x}+\boldsymbol{B}\boldsymbol{u}\\ \boldsymbol{y}=\boldsymbol{C}\boldsymbol{x}+\boldsymbol{D}\boldsymbol{u}\end{cases} \tag{3-10}$$

引入状态反馈，反馈控制规律为

$$u=-Kx+v \tag{3-11}$$

式中，v 为 p 维的参考输入向量；K 为 $p\times n$ 维的状态反馈矩阵。对于单输入系统，K 为 $1\times n$ 维的行向量。

整理后，可得状态反馈闭环系统的状态空间表达式为

$$\begin{cases}\dot{x}=(A-BK)x+Bv\\ y=(C-DK)x+Dv\end{cases} \tag{3-12}$$

若 $D=0$，则

$$\begin{cases}\dot{x}=(A-BK)x+Bv\\ y=Cx\end{cases} \tag{3-13}$$

此时，状态反馈闭环系统简记为 $\sum(A-BK, B)$。

状态反馈的极点配置就是通过选择合适的状态反馈矩阵 K，将闭环系统的极点配置在 s 平面的期望位置上，从而改善系统性能。实现闭环极点配置的充分必要条件是系统完全可控。

在 MATLAB 中，采用 acker 函数和 place 函数来实现极点配置。

1. acker 函数

功能：计算系统的状态反馈矩阵 K。

格式：K=acker(A,B,p)。

说明：p 为给定极点，K 为状态反馈矩阵。适用于单输入系统。

2. place 函数

功能：计算系统的状态反馈矩阵 K。

格式：K=place(A,B,p)。

说明：p 为给定极点，K 为状态反馈矩阵。适用于多输入系统。

【例 12】 已知系统为

$$\dot{x}=\begin{bmatrix}-2 & -3\\ 4 & -9\end{bmatrix}x+\begin{bmatrix}3\\ 1\end{bmatrix}u$$

系统是否完全可控？若完全可控，试设计一状态反馈矩阵，使其闭环极点为 $\lambda_{1,2}=-1\pm i2$。

解：

1）由能控矩阵判断系统能控性，程序为

```
>>A=[-2 -3;4 -9];B=[3;1];
>>Uc=ctrb(A,B);
>>rank(Uc)

ans=
      2
```

可见，能控矩阵的秩为 2，表明系统完全可控，可进行状态反馈设计。

2）使用函数进行状态反馈设计，程序为

```
>>p=[-1+2*i,-1-2*i];
>>k=acker(A,B,p)
k=
  -5.6111    7.8333

K=place(A,B,p)            %为了区别于 acker 函数,此处用大写 K
K=
  -5.6111    7.8333
```

使用 acker 和 place 函数都可对单输入单输出系统配置极点，并且结果相同，得到的状态反馈矩阵为 K=[-5.6111　　7.8333]。

3）验证，程序为

```
>>Ac=A-B*k;
>>roots(poly(Ac))

ans=
  -1.0000+2.0000i
  -1.0000-2.0000i
```

可以看到，进行极点配置后系统矩阵发生变化，Ac=［14.8333　-26.5000；9.6111　-16.8333］，其特征根为-1.0000±i2.0000，为期望的闭环极点，得以验证。

【例 13】　已知系统为

$$\dot{\boldsymbol{x}}=\begin{bmatrix}1 & 2\\3 & 1\end{bmatrix}\boldsymbol{x}+\begin{bmatrix}0\\1\end{bmatrix}\boldsymbol{u}$$

$$\boldsymbol{y}=[1\quad 2]\boldsymbol{x}$$

系统是否完全可控可观？若完全可控，试设计一状态反馈矩阵，使其闭环极点为 $\lambda_1=0$，$\lambda_2=1$。试分析该系统的状态反馈闭环系统的状态能控性和状态能观性。

解：

1）由能控矩阵、能观矩阵来判断系统能控性、能观性，程序为

```
>>a=[1 2;3 1];b=[0;1];
>>c=[1 2];
>>uc=ctrb(a,b);
>>ruc=rank(uc)
ruc=
      2
>>vo=obsv(a,c);
>>rvo=rank(vo)
rvo=
     2
```

可见，能控矩阵 uc 的秩 ruc=2，所以状态完全能控；能观矩阵 vo 的秩 rvo=2，所以状态完全能观测。系统完全能控，可以进行状态反馈设计。

2）进行状态反馈矩阵设计，程序为

```
>>p=[0,1];
>>k=acker(a,b,p)
k=
    3    1
>>ac=a-b*[3 1]
ac=
    1    2
    0    0
```

由期望闭环极点得到状态反馈矩阵 k=[3　1]。状态反馈闭环系统为

$$\dot{\boldsymbol{x}}=\begin{bmatrix}1 & 2\\0 & 0\end{bmatrix}\boldsymbol{x}+\begin{bmatrix}0\\1\end{bmatrix}\boldsymbol{u}$$

$$\boldsymbol{y}=[1\quad 2]\boldsymbol{x}$$

3）分析状态反馈闭环系统的状态能控性和状态能观性，程序为

```
>>uc1=ctrb(ac,b)
uc1=
    0    2
    1    0
>>rank(uc1)
ans=
    2
>>vo1=obsv(ac,c)
vo1=
    1    2
    1    2
>>rank(vo1)
ans=
    1
```

rank(uc1)= 2，状态反馈闭环系统是状态能控的；rank(vo1)= 1，闭环系统是状态不能观的，即状态反馈不改变系统的状态能控性。

3.5　状态观测器的设计

为了实现极点配置，需要系统全部的状态变量实现状态反馈。但是，由于描述系统内部运动的状态变量有时并不能直接测量或直接使用，从而使状态反馈的物理实现成为不可能。为了实现状态反馈，来利用已知的信息对系统状态变量进行重构或估计，实现状态重构的系统为状态观测器。

3.5.1　全维观测器

对于系统

$$\begin{cases}\dot{x}=Ax+Bu\\ y=Cx\end{cases} \tag{3-14}$$

若系统完全能观测，则可构造图 3-10 所示的状态观测器。

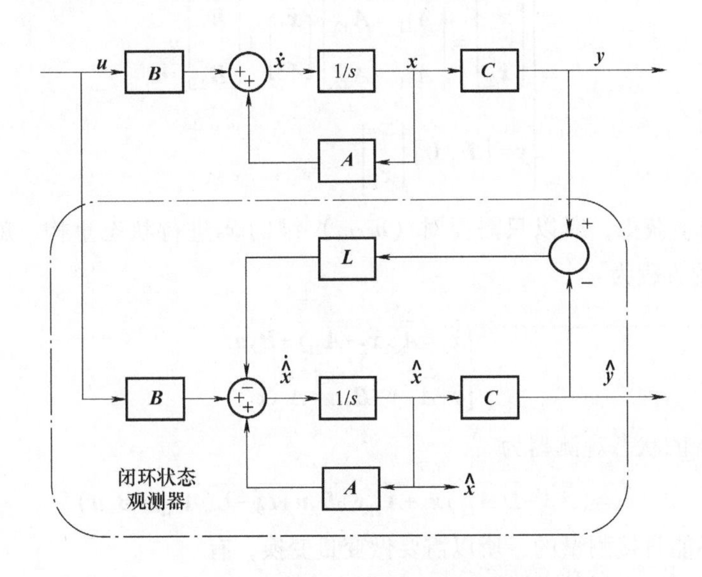

图 3-10　带状态观测器的系统框图

观测器的状态方程为

$$\begin{cases}\dot{\hat{x}}=A\hat{x}+Bu+L(y-\hat{y})\\ \hat{y}=C\hat{x}\end{cases} \tag{3-15}$$

即，$\dot{\hat{x}}=(A-LC)\hat{x}+Bu+Ly$。将之与原系统状态方程进行比较，可得状态向量的误差方程：

$$|\dot{x}-\dot{\hat{x}}|=(A-LC)\,|x-\hat{x}| \tag{3-16}$$

一般，工程上要求 $\hat{x}$ 比较快速地逼近 x，只要调整反馈矩阵 L，就可以实现状态快速而稳定的估计。也就是选择合适的矩阵 L，使（$A-LC$）的极点配置在期望的位置。所以观测器的设计与状态反馈极点配置的设计类似。

在 MATLAB 中，设计反馈矩阵 L 所使用的函数与进行极点配置时的函数相同，利用 acker 函数和 place 函数可以进行观测器的设计，命令如下：

适用于 SISO 系统　　　　L′=acker(A′,C′,P)

适用于 MIMO 系统　　　　L′=place(A′,C′,P)

3.5.2　降维观测器

全维观测器的维数和被控系统的维数相同，故称之为全维观测器。实际上系统的输出 y 总能观测到。因此，可以利用系统的输出 y 来直接产生部分状态变量，这样观测器的维数就降低了，从而简化观测器的结构。

对于下面系统，假设系统完全能观测，状态为 n 维，输出为 m 维，故降维观测器的维数是（$n-m$）维。

$$\begin{cases}\dot{\boldsymbol{x}}=\boldsymbol{A}\boldsymbol{x}+\boldsymbol{B}\boldsymbol{u}\\ \boldsymbol{y}=\boldsymbol{C}\boldsymbol{x}\end{cases}\tag{3-17}$$

将 $\boldsymbol{x}$ 分为可测量 $\bar{\boldsymbol{x}}_1$ 和不可测量 $\bar{\boldsymbol{x}}_2$ 两部分，则系统方程为

$$\begin{cases}\begin{bmatrix}\dot{\bar{\boldsymbol{x}}}_1\\ \dot{\bar{\boldsymbol{x}}}_2\end{bmatrix}=\begin{bmatrix}\bar{\boldsymbol{A}}_{11} & \bar{\boldsymbol{A}}_{12}\\ \bar{\boldsymbol{A}}_{21} & \bar{\boldsymbol{A}}_{22}\end{bmatrix}\begin{bmatrix}\bar{\boldsymbol{x}}_1\\ \bar{\boldsymbol{x}}_2\end{bmatrix}+\begin{bmatrix}\bar{\boldsymbol{B}}_1\\ \bar{\boldsymbol{B}}_2\end{bmatrix}\boldsymbol{u}\\ \boldsymbol{y}=[\boldsymbol{I}\quad 0]\begin{bmatrix}\bar{\boldsymbol{x}}_1\\ \bar{\boldsymbol{x}}_2\end{bmatrix}\end{cases}\tag{3-18}$$

$\bar{\boldsymbol{x}}_1$ 能够直接由 $\boldsymbol{y}$ 获得，所以只需要对（$n-m$）维的 $\bar{\boldsymbol{x}}_2$ 进行状态重构，就可以观测 $\bar{\boldsymbol{x}}_2$ 了。由上式得关于 $\bar{\boldsymbol{x}}_2$ 的方程为

$$\begin{cases}\dot{\bar{\boldsymbol{x}}}_2=\bar{\boldsymbol{A}}_{22}\bar{\boldsymbol{x}}_2+\bar{\boldsymbol{A}}_{21}\boldsymbol{y}+\bar{\boldsymbol{B}}_2\boldsymbol{u}\\ \dot{\boldsymbol{y}}-\bar{\boldsymbol{A}}_{11}\boldsymbol{y}-\bar{\boldsymbol{B}}_1\boldsymbol{u}=\bar{\boldsymbol{A}}_{12}\bar{\boldsymbol{x}}_2\end{cases}\tag{3-19}$$

以 $\bar{\boldsymbol{x}}_2$ 为子系统的状态观测器为

$$\dot{\hat{\boldsymbol{x}}}_2=(\bar{\boldsymbol{A}}_{22}-\bar{\boldsymbol{L}}\,\bar{\boldsymbol{A}}_{12})\hat{\boldsymbol{x}}_2+\bar{\boldsymbol{A}}_{21}\boldsymbol{y}+\bar{\boldsymbol{B}}_2\boldsymbol{u}+\bar{\boldsymbol{L}}\dot{\boldsymbol{y}}-\bar{\boldsymbol{L}}(\bar{\boldsymbol{A}}_{11}\boldsymbol{y}+\bar{\boldsymbol{B}}_1\boldsymbol{u})\tag{3-20}$$

式中的 $\dot{\boldsymbol{y}}$ 是不能直接测量的，所以需要做变量变换，有

$$\hat{\boldsymbol{x}}=\begin{bmatrix}\hat{x}_1\\ \hat{x}_2\end{bmatrix}=\begin{bmatrix}\boldsymbol{y}\\ z_2+\bar{\boldsymbol{L}}\boldsymbol{y}\end{bmatrix}=\begin{bmatrix}0\\ \boldsymbol{I}\end{bmatrix}z_1+\begin{bmatrix}\boldsymbol{I}\\ \bar{\boldsymbol{L}}\end{bmatrix}\boldsymbol{y}\tag{3-21}$$

最终系统$\{\boldsymbol{A},\boldsymbol{B},\boldsymbol{C}\}$的状态估计可求得

$$\dot{z}_2=(\bar{\boldsymbol{A}}_{22}-\bar{\boldsymbol{L}}\,\bar{\boldsymbol{A}}_{12})z_2+(\bar{\boldsymbol{B}}_2-\bar{\boldsymbol{L}}\,\bar{\boldsymbol{B}}_1)\boldsymbol{u}+[(\bar{\boldsymbol{A}}_{22}-\bar{\boldsymbol{L}}\,\bar{\boldsymbol{A}}_{12})\bar{\boldsymbol{L}}+\bar{\boldsymbol{A}}_{21}-\bar{\boldsymbol{L}}\,\bar{\boldsymbol{A}}_{11}]\boldsymbol{y}\tag{3-22}$$

$$\hat{\boldsymbol{x}}_2=z_2+\bar{\boldsymbol{L}}\boldsymbol{y}\tag{3-23}$$

所以，只要子系统（$\bar{\boldsymbol{A}}_{22},\bar{\boldsymbol{A}}_{12}$）完全能观测，$\boldsymbol{L}$ 就一定存在。调用 acker 函数可求得 $\boldsymbol{K}$，由 $\bar{\boldsymbol{L}}=\boldsymbol{K}'$，可求得降维状态观测器。

【例 14】 设线性定常系统的状态空间模型为

$$\dot{\boldsymbol{x}}=\begin{bmatrix}1 & 0 & 0\\ 3 & -1 & 1\\ 0 & 2 & 0\end{bmatrix}\boldsymbol{x}+\begin{bmatrix}2\\ 1\\ 1\end{bmatrix}\boldsymbol{u}$$

$$\boldsymbol{y}=[0\quad 0\quad 1]\boldsymbol{x}$$

试设计一状态观测器，使其极点配置为-3，-4，-5。

试设计一状态观测器，使其极点配置为-3，-4。

解：

1）因为系统阶次等于极点个数，故设计全维状态观测器，程序为

```
>>A=[1 0 0;3 -1 1;0 2 0];B=[2;1;1];C=[0 0 1];D=0;
>>r0=rank(obsv(A,C));
```

```
>>A1=A';B1=C';C1=B';
>>p=[-3,-4,-5];
>>K=acker(A1,B1,p);
>>L=K'
L=
  20
  25
  12
```

根据以上程序，由于 r0=3，所以系统能观测，设计的状态观测器矩阵 L= ［20；25；12］。

闭环状态观测器为

$$\dot{\hat{\boldsymbol{x}}}=\begin{bmatrix}1 & 0 & 0\\ 3 & -1 & 1\\ 0 & 2 & 0\end{bmatrix}\hat{\boldsymbol{x}}+\begin{bmatrix}2\\ 1\\ 1\end{bmatrix}\boldsymbol{u}+\begin{bmatrix}20\\ 25\\ 12\end{bmatrix}(\boldsymbol{y}-\hat{\boldsymbol{y}})$$

$$\hat{\boldsymbol{y}}=[0\quad 0\quad 1]\hat{\boldsymbol{x}}$$

极点配置后，可以绘制闭环状态观测器的单位阶跃响应（图略）：

```
>>Ah=A-L*C;
>>sys=ss(Ah,B,C,D);
>>step(sys)
```

2）因为系统阶次大于极点个数，故设计降维状态观测器。

为了设计二阶状态观测器，系统状态方程改写为

$$\begin{bmatrix}\dot{\boldsymbol{x}}_3\\ \dot{\boldsymbol{x}}_1\\ \dot{\boldsymbol{x}}_2\end{bmatrix}=\begin{bmatrix}0 & 0 & 2\\ 0 & 1 & 0\\ 1 & 3 & -1\end{bmatrix}\begin{bmatrix}\boldsymbol{x}_3\\ \boldsymbol{x}_1\\ \boldsymbol{x}_2\end{bmatrix}+\begin{bmatrix}1\\ 2\\ 1\end{bmatrix}\boldsymbol{u}$$

$$\boldsymbol{y}=[1\quad 0\quad 0]\begin{bmatrix}\boldsymbol{x}_3\\ \boldsymbol{x}_1\\ \boldsymbol{x}_2\end{bmatrix}$$

$\boldsymbol{x}_3$能够直接由 $\boldsymbol{y}$ 获得，只需对［$\boldsymbol{x}_1$　$\boldsymbol{x}_2$］进行状态重构，所以只设计二维状态观测器，程序为

```
>>A=[0 0 2;0 1 0;1 3 -1];B=[1;2;1];C=[1 0 0];
>>A11=A(1,1);A12=A(1,(2:3));A21=A(2:3,1);A22=A(2:3,2:3);
>>B1=B(1,1);B2=B(2:3,1);
>>1=A22;C1=A12;
>>AA=A1';BB=C1';
>>P=[-3 -4];
>>K=acker(AA,BB,P);
>>L=K';
>>a=A22-L*A12
>>b=B2-L*B1
```

```
>>aa=(A22-L*A12)*L+A21-L*A11

aa=
  -20.0000
  -17.0000
```

运行后结果为

```
a=
  1.0000    -6.6667
  3.0000    -8.0000
b=
  -1.3333
  -2.5000
aa=
  -20.0000
  -17.0000
```

即二阶状态观测器为

$$\dot{z}_1=\begin{bmatrix}1 & -6.6667\\3 & -8\end{bmatrix}z_1+\begin{bmatrix}-1.3333\\-2.5\end{bmatrix}\boldsymbol{u}+\begin{bmatrix}-20\\-17\end{bmatrix}\boldsymbol{y}$$

$$\hat{\boldsymbol{x}}_2=\begin{bmatrix}\hat{\boldsymbol{x}}_1\\\hat{\boldsymbol{x}}_2\end{bmatrix}=z_2+\begin{bmatrix}3.3333\\3.5\end{bmatrix}\boldsymbol{y}$$

3.6 线性二次型最优控制器的设计

最优控制是现代控制的重要内容，如果系统的状态方程为线性的，性能指标是状态变量和控制变量的二次型函数，则称为线性二次型（linear quadratic，LQ）最优控制问题，简称 LQ 问题。由于二次型性能指标具有明确的物理意义，并且在数学上容易处理，而且可以得到线性状态反馈形式的最优控制率，易于工程实现，因而在实际工程问题中得到了广泛应用。

已知被控系统的状态方程和输出方程为

$$\dot{\boldsymbol{x}}(t)=\boldsymbol{A}(t)\boldsymbol{x}(t)+\boldsymbol{B}(t)\boldsymbol{u}(t),\boldsymbol{x}(t_0)=x_0$$

$$\boldsymbol{y}(t)=\boldsymbol{C}(t)\boldsymbol{x}(t)$$

式中，$\boldsymbol{x}(t)\in\mathbf{R}^n,\boldsymbol{u}(t)\in\mathbf{R}^r,\boldsymbol{y}(t)\in\mathbf{R}^m,\boldsymbol{A}(t)\in\mathbf{R}^{n\times n},\boldsymbol{B}(t)\in\mathbf{R}^{n\times r},\boldsymbol{C}(t)\in\mathbf{R}^{m\times n}$。

假设控制向量 $\boldsymbol{u}(t)$ 不受约束，终端时刻 t_f 固定为一有限值，求最优控制 $\boldsymbol{u}^*(t)$，使系统的二次型性能指标取最小值：

$$\boldsymbol{J}=\frac{1}{2}\boldsymbol{x}^{\mathrm{T}}(t_f)\boldsymbol{F}\boldsymbol{x}(t_f)+\frac{1}{2}\int_{t_0}^{t_f}[\boldsymbol{x}^{\mathrm{T}}(t)\boldsymbol{Q}(t)\boldsymbol{x}(t)+\boldsymbol{u}^{\mathrm{T}}(t)\boldsymbol{R}(t)\boldsymbol{u}(t)]\mathrm{d}t \tag{3-24}$$

式中，$\boldsymbol{F}$ 和 $\boldsymbol{Q}(t)$ 为加权矩阵，是半正定矩阵；$\boldsymbol{R}(t)$ 为正定矩阵。利用泛函的极大值原理引入哈密尔顿函数和拉格朗日乘子向量函数 $\boldsymbol{\lambda}(t)$，可以获得最优控制律和状态向量之间的线性时变函数：

$$u^*(t)=-R^{-1}(t)B^{T}(t)P(t)x(t)=-K(t)x(t) \tag{3-25}$$

式中的 $P(t)$ 满足代数 Riccati 方程：

$$A^{T}P+PA-PBR^{-1}B^{T}P+Q=0 \tag{3-26}$$

因此，系统设计归结于求解 Riccati 方程的矩阵 $P(t)$，并可求出反馈增益矩阵 K。

在 MATLAB 中，采用 lqr 函数和 lqry 函数来求解连续系统二次型最优控制。

1. lqr 函数

功能：计算系统的最优反馈增益矩阵。

格式：[K,P,E]=lqr(A,B,Q,R)。

说明：K 为最优反馈增益矩阵，P 为黎卡提（Riccati）方程的对称正定解矩阵，E 为 A-BK的特征值；A 为系统的状态矩阵，B 为系统的输出矩阵，R 为给定的正定实对称常数矩阵，Q 为性能指标函数对于状态量的权阵，Q 值越大抗干扰能力越强。一般将 R 值选定后，再选择 Q 值，Q 值不唯一。

2. lqry 函数

功能：计算系统的状态反馈矩阵 K。

格式：[K,P,E]=lqry(A,B,C,D,Q,R)。

说明：用于求解二次型状态调节器的特例，是用输出反馈代替状态反馈，即性能指标为 $J=\frac{1}{2}\int_0^{\infty}(y^{T}Qy+u^{T}Ru)\,dt$。

【例 15】 考虑以下状态空间模型描述的系统：

$$\dot{x}=Ax+Bu$$

其中

$$A=\begin{bmatrix}0 & 1 & 0\\0 & 0 & 1\\-20 & -10 & -3\end{bmatrix},B=\begin{bmatrix}0\\0\\1\end{bmatrix}$$

系统的性能指标 J 定义为

$$J=\int_0^{\infty}(x^{T}Qx+u^{T}Ru)\,dt$$

其中

$$Q=\begin{bmatrix}1 & 0 & 0\\0 & 1 & 0\\0 & 0 & 1\end{bmatrix},R=[1]$$

试设计最优状态反馈控制器，并检验最优闭环系统对初始状态 $x(0)=[1\quad 0\quad 1]^{T}$的响应。

解：程序为

```
>>A=[0 1 0;0 0 1;-20 -10 -3];
>>B=[0;0;1];
>>Q=[1 0 0;0 1 0;0 0 1];
>>R=1;
>>[K,P,E]=lqr(A,B,Q,R);
```

得到

```
>>K
K=
  0.0250    0.8769    0.4284
>>P
P=
  17.8090   8.6531    0.0250
  8.6531    7.2649    0.8769
  0.0250    0.8769    0.4284
>>E
E=
  -0.5209+2.8494i
  -0.5209-2.8494i
  -2.3866+0.0000i
```

因此，系统的最优状态反馈控制器为

$$\boldsymbol{u}=-[0.0250 \quad 0.8769 \quad 0.4284]\boldsymbol{x}$$

为了得到最优闭环系统对初始状态 $\boldsymbol{x}(0)=[1 \quad 0 \quad 1]^{T}$的响应，执行语句为

```
>>A=[0 1 0;0 0 1;-20 -10 -3];
>>B=[0;0;1];
>>K=[0.0250    0.8769    0.4284];
>>sys=ss(A-B*K,eye(3),eye(3),eye(3));
>>t=0:0.01:10;
>>x=initial(sys,[1;0;1],t)
>>x1=[1 0 0]*x';
>>x2=[0 1 0]*x'
>>x3=[0 0 1]*x';
  >>subplot(221);plot(t,x1);grid
>>xlabel('t(sec)');ylabel('x1')
>>title('Initial response of x1')
>>subplot(222);plot(t,x2);grid
>>xlabel('t(sec)');ylabel('x2')
>>title('Initial response of x2')
>>subplot(212);plot(t,x3);grid
>>xlabel('t(sec)');ylabel('x3')
>>title('Initial response of x3')
```

得到图 3-11 所示的曲线。

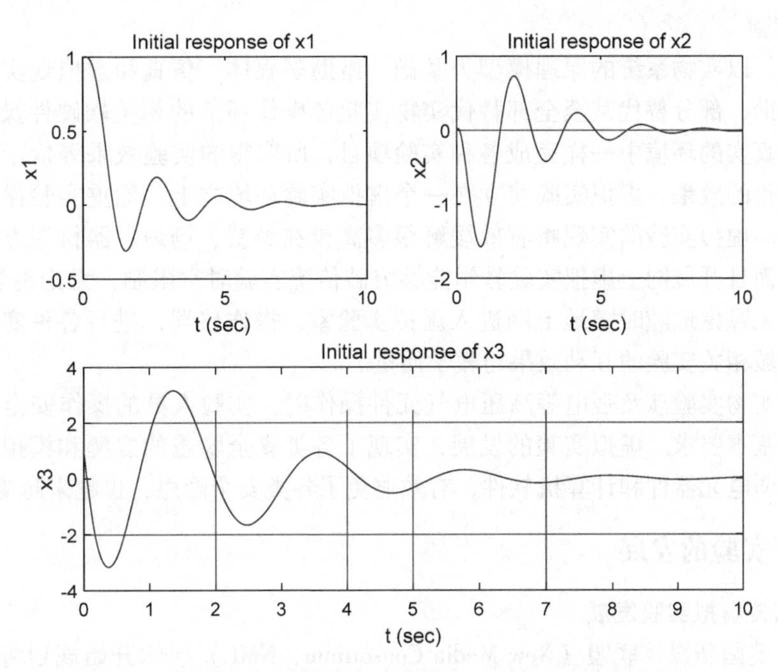

图 3-11　例 15 程序得到的零初始状态下的最优控制响应曲线

3.7　虚拟实验的基本理论与发展

3.7.1　虚拟实验的由来

实验教学是培养学生创新创业精神、实践创新能力和社会实践责任感的重要教育方式。然而，由于受到实验教学场地及实验教学资源的限制，很多实验教学项目达不到补充理论教学的基本要求。基于虚拟仿真技术的虚拟实验教学，由于投资少、安全性高，并可以设计成在极端恶劣条件下运行，为实验教学发展提供了有力的技术支持。

虚拟仿真实验可以完全脱离教学时空的限制，构建一个近乎真实的虚拟课堂作为实验对象和教学环境，能够让学生在一个虚拟的实验环境中轻松实现各种自主实验操作，满足实验教学大纲规定要求的实验教学效果。所以，虚拟仿真实验对高校学生实验教学发展具有重要促进作用，虚拟实验的重要性日益显著。

在控制工程领域，实验包括实物实验和虚拟实验两类。目前，实物实验和虚拟实验处于并存的状态，其基本概念和原理如下。

1. 实物实验

传统的自动控制原理实验一般采用电路硬件等实物搭建实验箱，开展实物实验，验证基础理论知识。一方面，采用实验箱进行实物实验的优点是实验接近工程场景，真实感较高。实验人员可以直接操作实际电路元器件，有利于培养学生的实际动手操作能力。另一方面，随着工程应用中实际系统的结构和功能复杂度日益提高，实验箱的搭建难度也逐渐提高。主要问题是实验资源紧张、实验场地设备不足、实验和理论课程教学进度不同步、巩固理论知识的效果不理想。在真实环境中，学生按设计图，将各主要电气元器件接线，搭建实验电路。然而，真实电路更改参数不够灵活，不易理解参数值与系统响应的关系。

2. 虚拟实验

虚拟实验，以实物系统的原理模型为基础，借助多媒体、仿真和虚拟现实等技术在计算机上营造可辅助、部分替代甚至全部替代实物实验各操作环节的相关软硬件操作环境，实验人员可以像在真实的环境中一样完成各种实验项目，所取得的实验效果等价于甚至优于在真实环境中所取得的效果。虚拟实验建立在一个虚拟实验环境之上，侧重实验操作交互性和实验结果仿真性。虚拟实验的实现将有效缓解很多高校在经费、场地、器材等方面普遍面临的困难和压力，而且开展网上虚拟实验教学能够突破传统实验时空限制，无论是学生还是教师，都可以自由、无顾虑地随时随地上网进入虚拟实验室，操作仪器，进行各种实验，有助于提高控制工程领域相关实验的互动效果与教学质量。

另外，在实物实验涉及强电等高压电气元件操作时，实验人员的操作安全和人身安全成为实验管理的基本要求。虚拟实验的发展，实现了各类安全隐患的提醒和模拟，由于仅操作虚拟环境下的弱电元器件和计算机软件，有效避免了各类安全隐患，也越来越受到重视。

3.7.2 虚拟实验的发展

1. 国外高校虚拟实验发展

2002 年，美国新媒体联盟（New Media Consortium，NMC）组织开始规划将虚拟实验融入教育领域。例如，美国耶鲁大学充分发挥学校虚拟仿真实验室的优势，采用智能平板计算机模拟完成分子生物学、细胞生物学、发育生物学等学科课程的虚拟实验。学生们可以共同分享在实验室光学显微镜中实时获取的数据和实验图像等信息资源，对实验图像数据分析进行实时记录、分析；美国科罗拉多大学构建了一个结构化的虚拟实验室，可以让学生进行个性化的学习和自主实验；美国加州大学圣迭戈分校开发了虚拟仿真系统，为学生们展现了公元前十世纪的约旦堡垒，以破解这一巨型堡垒的建筑之谜；英国开放大学开发了支持远程控制、虚拟仪器、交互式多媒体实验、在线分析与综合研究的大学实验管理平台，可以在线快速实现所有大学实验室的管理功能。另外，学生同时可以通过网上下载遥控虚拟仪器应用软件直接进行手机在线模拟实验。应用于地球科学实验技术研究的各种虚拟岩石显微镜设备可直接提供来自世界各地科学博物馆、大学、科研机构仓库中的各种地球表面优质岩石材料和数百种地球优质岩石材料样本。这样既有效避免了昂贵的显微镜、薄膜和切片等的制备基础设施与仪器设备的前期购置费，又同时可以直接作为全球开放资源共享的各种虚拟仪器设备使用。

印度甘露大学相继启动了虚拟机器学习平台、网联合研究中心和在线学习实验室（online-labs）等一批重点建设项目。澳大利亚雷德兰兹大学利用智能平板计算机易随身携带、高分辨率大屏显示和智能触摸屏的三大特点，替代笨重的科学实验地理仪器、视频广播设备和其他的昂贵教学工具，开展了野外实地体验教学，与在校学生们一起分享地图拍摄全景照片、地图注解、全球地形等图片相关资料，同时收集和整理分享了地球岩石地理数据。

西班牙马德里 IE 商学院运用名为“唐宁街 10 号”的职业教育教学游戏软件开展虚拟实验教学，可以有效让广大学生快速学习和深入了解当前全球相关经济、政治领域的巨大复杂性，培养学生了解全球经济相关领域紧迫性和解决问题的实际操作能力。

2. 国内高校虚拟实验发展

教育部在 2013 年 8 月发布了《关于开展国家级虚拟仿真实验教学中心建设工作的通知》，启动了国家级虚拟仿真实验教学中心建设工作。截至 2016 年，教育部已认定国家级虚拟仿真实验教学中心 200 个，分布在全国 27 个省、自治区和直辖市。国家级虚拟仿真实验教学中心

覆盖了除哲学外的学科门类。教育部也十分重视大学虚拟仿真实验的自主创新研发，2017 年 7 月发布了《教育部办公厅关于 2017—2020 年开展示范性虚拟仿真实验教学项目建设的通知》，其中提到统筹规划到 2020 年认定 1000 项左右示范性虚拟仿真实验教学项目。根据本书参考文献［18］，截至 2020 年 2 月，国家虚拟仿真实验教学课程共享平台——“实验空间”（网址为 www. ilab-x. com)，已经接入 2079 项拥有自主产权的可共享的优质虚拟仿真实验教学项目，涵盖 41 个专业大类中的 255 个专业和 1561 门课程。“实验空间”共享平台发展迅速，感兴趣的读者可以登录其官网学习。

第4章

基于 MATLAB 的虚拟仿真实验

4.1 MATLAB 基础实验

4.1.1 实验一 MATLAB 基本操作与算术运算

1. 实验目的

(1) 熟悉 MATLAB 的开发环境

(2) 掌握 MATLAB 的一些常用命令

(3) 掌握变量及表达式的输入方法和各种运算符及数学函数

2. 实验内容

(1) 熟悉 MATLAB R2022a 的开发环境及命令

1) 熟悉开发环境(见图 4-1)中的主窗口、菜单栏、工具栏、命令窗口、命令历史窗口、启动平台窗口、工作区窗口、当前路径窗口。

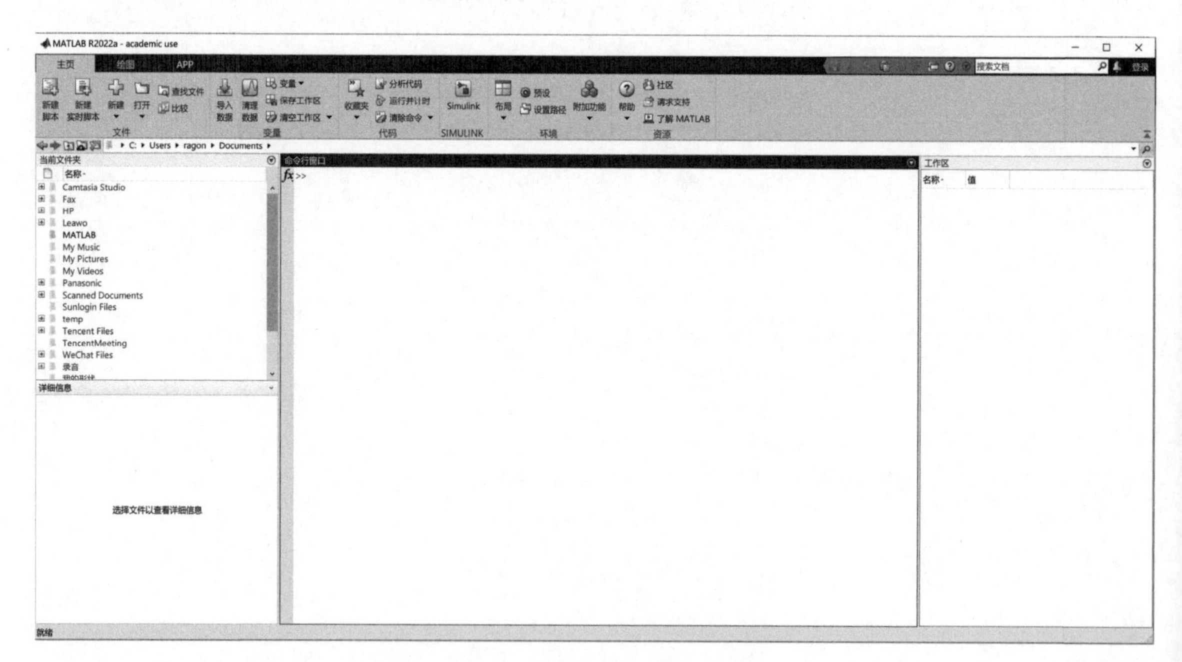

图 4-1 MATLAB R2022a 的开发环境

2) MATLAB 提供了文件管理命令(见表 4-1),可以列出文件名、显示和改变当前目录或文件夹、显示和删除 M 文件。

表 4-1　文件管理命令

命令	说明
cd	显示当前工作目录或文件夹
cd path	改变目录或文件夹为 path
delete mydata	删除 M 文件 mydata. m
dir	列出当前目录或文件夹的所有文件
path	显示或修改 MATLAB 搜索路径
type mydata	在命令窗口显示 M 文件 mydata. m
what	列出当前目录或文件夹下的所有 M 文件
which mydata	显示 mydata. m 所在目录

3）建立自己的 MATLAB 文件夹，加入到 MATLAB 路径中，并保存。

（2）掌握 MATLAB 算术运算符（见表 4-2）

表 4-2　MATLAB 算术运算符

运算符	说明	运算符	说明
+	加法运算	^	乘方运算
-	减法运算	.*	点乘法运算
*	乘法	./	点除法运算
/	右除	.^	点幂方
\	左除	=	赋值

（3）掌握 MATLAB 常用数学函数（见表 4-3）

表 4-3　MATLAB 常用数学函数

函数	说明	函数	说明
sin（x）	正弦	sum	求和
cos（x）	余弦	abs（x）	绝对值或复数的幅值
exp（x）	指数函数	sqrt（x）	二次方根
real（x）	复数实部	max	最大值
imag（x）	虚部	min	最小值
angle（x）	复数辐角	conj（x）	共轭复数
log（x）	自然对数	asin（x）	反正弦
log10（x）	常用对数	acos（x）	反余弦
rem（x，y）	x 除 y 后求余数	sign（x）	符号函数

（4）在 MATLAB 的命令窗口进行操作

1）在命令窗口直接输入，2+5；x=2+5。观察工作区变量的变化。输入语句间加逗号、分号的区别。

2）计算 $\cos\left(\frac{2}{3}\pi\right)$ 的值。

3）计算 $1-i2+\sqrt{(-2)}$ 的值。

4）求（1-i2）的实部、虚部、幅值和相角。

5）在 MATLAB 中 a=2，b=5，求 a/b，a\b，a^b，b^a。

6）列出工作区的变量，并将变量存储到数据文件中。退出 MATLAB 后重启 MATLAB，加载该数据文件，并查看工作区的变量。

7）help 命令的使用，如 help exist，学会查看帮助文件。

3. 实验要求

（1）完成所有实验内容

（2）撰写报告，给出实验内容（4）的操作过程及结果

实验报告包括如下内容：

1）实验题目和目的。

2）实验原理。

3）实验要求完成的程序代码和运行结果。

4）实验体会。

4.1.2 实验二 MATLAB 矩阵运算

1. 实验目的

（1）掌握 MATLAB 的矩阵及向量输入方法

（2）掌握 MATLAB 的矩阵及向量运算

（3）掌握矩阵的特征参数运算

2. 实验内容

（1）总结创建矩阵及向量的方法

（2）矩阵操作命令（见表 4-4）

表 4-4 矩阵操作命令

命令	说明
whos	显示工作区的变量及其大小
size（A）	返回矩阵 A 的行数和列数
length（A）	返回矩阵 A 的最大行、列数
find（A）	给出特殊要求的矩阵元素的行、列标记

例如，A=[1 2 3;4 5 6;7 8 9]，执行[n,m]=size(A) 和 [i,j]=find((A)>6)，并解释结果。

（3）A=[1 2 3;4 5 6;7 8 9]，B=[1 2 1;2 5 3;7 4 3]，进行运算求解

1）A+B,A-B,A+B*2,A-B+I（单位矩阵）。

2）A*B,A.*B,A/B,A\B，A./B，A.\B。

3）A^2,A.^2。

（4） A=[1 2 3;4 5 6;7 8 9]，求矩阵 A 的行列式、逆矩阵、秩、特征值和特征向量

3. 实验要求

（1） 完成所有实验内容

（2） 撰写报告，给出实验内容（2）~（4） 的操作过程及结果

实验报告包括如下内容：

1） 实验题目和目的。

2） 实验原理。

3） 实验要求完成的程序代码和运行结果。

4） 实验体会。

4.1.3　实验三　MATLAB 程序设计

1. 实验目的

（1） 熟悉 MATLAB 的 M 函数和 M 文件

（2） 掌握 MATLAB 的程序设计方法

（3） 掌握循环语句、分支语句的编写

2. 实验内容

（1） 坐标变换语句

【例 1】 分别利用 M 函数和 M 文件，实现直角坐标（x，y）与极坐标（γ，θ）之间的转换。

```
% 在编辑窗口编写函数 tran.m,并保存
function [gama,theta]=tran(x,y)
gama=sqrt(x*x+y*y);
theta=atan(y/x);
% 在命令窗口调用 tran.m:
>>x1=input('Please input x=:');
>>y1=input('Please input y=:');
>>[gam,the]=tran(x1,y1);
>>gam
>>the
```

```
% 在编辑窗口编写文件 tran1.m,并保存
   gama1=sqrt(a*a+b*b);
   theta1=atan(b/a);

   % 在命令窗口调用 tran1.m:
   >>a=input('Please input x=:');
   >>b=input('Please input y=:');
   >>tran1(a,b);
   >>gama1
   >>theta1
```

1） 体会 M 函数中和运行 M 函数中的变量对应关系，哪些变量是全局变量？哪些是内部变量？

2） 体会 M 文件中和运行 M 文件中的变量对应关系，哪些变量是全局变量？哪些存在于工作区？

3） 编写由极坐标（γ,θ）转换到直角坐标（x,y）的 M 函数。

（2） 分支控制

【例 2】 求满足 $\sum_{i=1}^{m} i > 1000$ 的 m 最小值。

解： 程序为

```
% 在编辑窗口编写 M 文件 solsum,并保存
clear
mysum=0;
for m=1:1000
  if(mysum>1000)
    break;
  end
  mysum=mysum+m;
end
m

% 在 MATLAB 命令窗口调用此文件:
>>solsum
m=
    46
```

(3) 循环控制

【例 3】 使用循环控制语句，求 1~100 自然数之和。

解：程序为

```
% 在编辑窗口编写 M 文件 xunhuan.m,并保存
clear
mysum=0;
for i=1:100
  mysum=mysum+i;
end
mysum
% 在 MATLAB 命令窗口调用 xunhuan.m:
>>xunhuan
mysum=
    5050
```

(4) 编写 M 文件

计算 1+3+5+⋯(2n+1) 的值（用 input 语句输入 n 的值）。

(5) 试编制一个程序文件

根据从键盘输入的三角函数名称，绘制出其相应的三角曲线。

3. 实验要求

(1) 完成所有实验内容

(2) 撰写报告，给出实验内容 (1)、(4) 和 (5) 的操作过程及结果

实验报告包括如下内容：

1）实验题目和目的。

2）实验原理。

3）实验要求完成的程序代码、结果图、结论和运行结果。

4）实验体会。

4.1.4　实验四　MATLAB 图形设计

1. 实验目的

（1）掌握 MATLAB 图形绘制的基本方法，熟悉各种绘图函数的使用

（2）掌握图形的修饰方法和标注方法

（3）掌握 MATLAB 中图形窗口的操作

2. 实验内容

（1）绘制曲线示例 1

【例 4】　利用 MATLAB 绘制如下函数图形：

$$y=\begin{cases}\sin(2x) & 0\leqslant x<2\\ e^{x} & 2\leqslant x<4\\ -\ln(x) & 4\leqslant x\leqslant 6\end{cases}$$

解：程序为

```
% 在编辑窗口编写 M 文件 huitu1.m,并保存
clear
x=0:0.02:6;
y1=zeros(size(x));
y2=zeros(size(x));
y3=zeros(size(x));
N=length(x);
for k=1:N
  if x(k)<2 & x(k)>=0
      y1(k)=sin(2*x(k));
  elseif x(k)>=2 & x(k)<4
      y2(k)=exp(x(k));
  else x(k)<=6 & x(k)>=4
      y3(k)=-log(x(k));
  end
end
    y=y1+y2+y3;
    plot(x,y)
    grid on
```

在 MATLAB 命令窗口调用 huitu1. m，绘制图形（见图 4-2）。

（2）绘制曲线示例 2

【例 5】　在一个图形窗口中同时绘制正弦、余弦、正切、余切曲线。

解：程序为

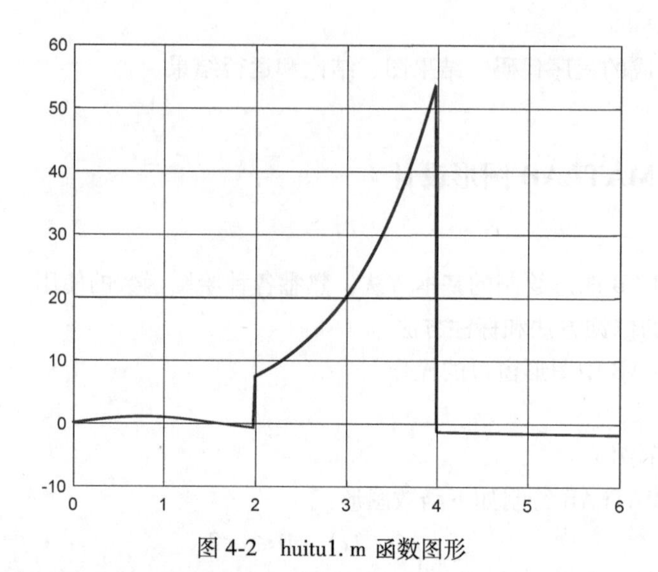

图 4-2　huitu1. m 函数图形

```
% 在编辑窗口编写 M 文件 huitu2. m,并保存
clear
x=linspace(0,2*pi,60);              % 绘制[0,2π]区间上的函数
y=sin(x);                           % 区间上的正弦函数
z=cos(x);                           % 区间上的余弦函数
t=sin(x)./(cos(x)+eps);             % 正切曲线
ct=cos(x)./(sin(x)+eps);            % 余切曲线
subplot(2,2,1);                     % 分成 2×2 区域且指定 1 号为活动区
plot(x,y);
title('sin(x)');                    % 为 1 号活动区添加标题
subplot(4,4,3)                      % 将绘图区分为 4×4 的区域,当前为第三幅
plot(x,y,'m')                       % 绘制区间上的正弦函数
subplot(4,4,4)                      % 将绘图区分为 4×4 的区域,当前为第四幅
plot(x,z,'r')                       % 绘制区间上的余弦函数
subplot(4,4,7)                      % 将绘图区分为 4×4 的区域,当前为第七幅
plot(x,t,'k')                       % 绘制区间上的正切函数
subplot(4,4,8)                      % 将绘图区分为 4×4 的区域,当前为第八幅
plot(x,ct,'g')                      % 绘制区间上的余切函数
subplot(2,2,3);                     % 将绘图区分为 2×2 的区域,当前为第三幅
plot(x,cos(x),'o');
title('cos (x)');                   % 添加标题
subplot(2,2,4);                     % 将绘图区分为 2×2 的区域,当前为第四幅
plot(x,cos(2*x),'.');
title('cos(2*x)');                  % 添加标题
```

在 MATLAB 命令窗口调用 huitu2. m，绘制图形（见图 4-3）。

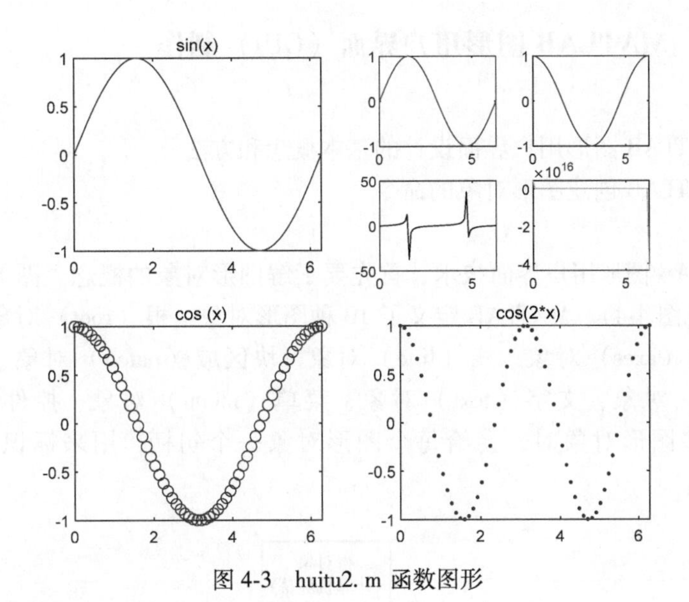

图 4-3　huitu2. m 函数图形

(3) 分窗口绘制曲线

将 MATLAB 绘制的图形窗分为四部分，设 $\omega t \in [0,4\pi]$，以 0. 02 为步长，分别绘制下列图形，并加上适当的图形修饰：

1）左上部分，ωt 为横坐标，绘制 $v=120\sin\omega t$ 和 $i=100\sin(\omega t-\pi/4)$。

2）右上部分，ωt 为横坐标，绘制 $p=vi$。

3）右下部分，ωt 为横坐标，绘制系统的一阶响应曲线

$$y=1-\mathrm{e}^{-\frac{\omega t-\tau}{T}} \qquad T=2,\tau=-1$$

4）左下部分，ωt 为横坐标，绘制系统的二阶响应曲线

$$y=1-\frac{1}{\sqrt{1-\varsigma^2}}\mathrm{e}^{-\varsigma\omega t}\sin(\omega_{\mathrm{d}}\omega t+\theta)$$

式中，$\varsigma=0.4$，$\theta=\arctan\dfrac{\sqrt{1-\varsigma^2}}{\varsigma}$，$\omega_{\mathrm{d}}=\sqrt{1-\varsigma^2}$。

(4) 使用函数 semilogx( ) 绘制曲线

工业过程常用的一阶惯性环节，传递函数为

$$G=\frac{45}{\mathrm{i}0.1\omega+1}$$

根据定义，使用函数 semilogx( ) 绘制其对数幅频特性曲线和对数相频曲线。

3. 实验要求

(1) 完成所有实验内容

(2) 撰写报告，给出实验内容 (3) 和 (4) 的操作过程及结果

实验报告包括如下内容：

1）实验题目和目的。

2）实验原理。

3）实验要求完成的程序代码、结果图、结论和运行结果。

4）实验体会。

4.1.5 实验五 MATLAB图形用户界面（GUI）制作

1. 实验目的

（1）了解MATLAB图形用户界面设计的基本概念和方法

（2）了解MATLAB创建图形对象的命令

2. 实验内容

要掌握MATLAB图形用户界面技术，首先要了解图形对象的概念。图形对象指图形系统中的基本图元（见图4-4）。MATLAB定义了10种图形对象：根（root）对象、图形框架窗口（figure）对象、轴（axes）对象、线（line）对象、块区域（patch）对象、面（surface）对象、图像（image）对象、文字（text）对象、菜单（menu）对象、控件（control）对象。MATLAB创建这些图形对象时，会给每个图形对象一个句柄，用来标识该图形对象（见表4-5）。

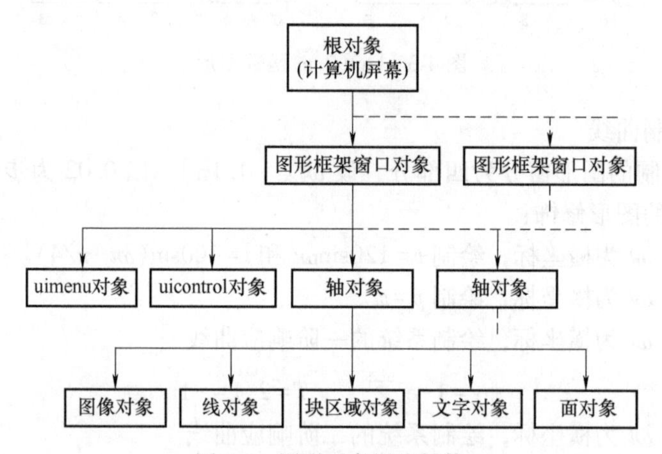

图4-4 图形对象层次结构

表4-5 创建图形对象命令

命令	功能	使用方法
figure	创建图形窗口对象	handle=figure（'属性名'，属性值设置，…）
dialog	创建对话框窗口对象	handle=dialog（'属性名'，属性值设置，…）
uimenu	创建菜单对象	handle=uimenu（'属性名'，属性值设置，…）
uicontrol	创建控件对象	handle=uicontrol（'属性名'，属性值设置，…）
axes	创建轴对象	handle=axes（'属性名'，属性值设置，…）
line	创建线对象	handle=line（x，y，z）
patch	创建块区域对象	handle=patch（x，y，z，c）
image	创建图像对象	handle=image（x）
surface	创建曲面对象	handle=surface（x，y，z，c）
text	创建文字注释对象	handle=text（x，y，'字符串'）

（1）制作下拉菜单

【例6】 自制一个带下拉菜单表的用户菜单，该菜单能使图形窗背景颜色设置为蓝色或红色。

解：程序为

```
figure                                          % 创建一个图形窗
h_menu=uimenu(gcf,'label','Color');             % 制作用户顶层菜单项 Color
h_submenu1=uimenu(h_menu,'label','Blue',...     % 制作下拉菜单项 Blue
'callback','set(gcf,'Color','blue')');
h_submenu2=uimenu(h_menu,'label','Red',...      % 制作下拉菜单项 Red
'callback','set(gcf,'Color','red')');
```

其运行结果如图4-5所示。

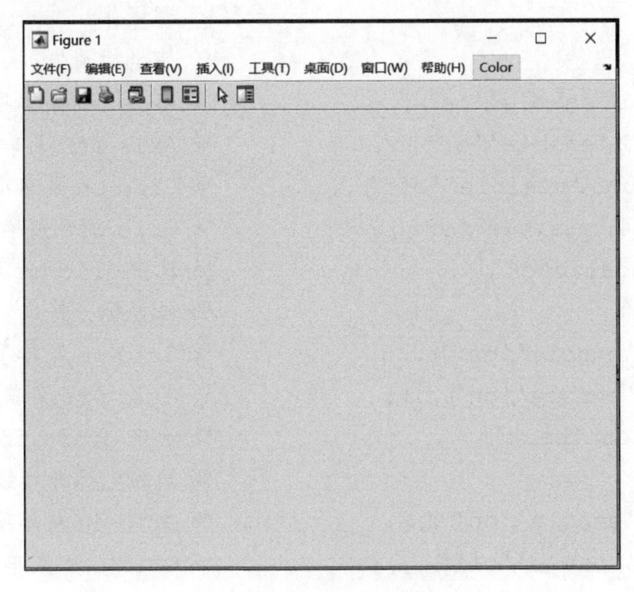

图4-5 例6运行结果

（2）制作带子菜单的顶层菜单

【例7】 制作一个带四个子菜单项的顶层菜单项。该下拉菜单分为两个功能区，每个功能区的两个菜单项是相互对立的，因此采用使能属性处理。当图形窗坐标轴消隐时，整个坐标分隔控制功能区不可见。

解：程序为

```
clf
h_menu=uimenu('label','Option');                % 产生顶层菜单项 Option
h_sub1=uimenu(h_menu,'label','Axis on');        % 产生 Axis on 菜单项,默认设
                                                  置而使能
h_sub2=uimenu(h_menu,'label','Axis off',...
  'enable','off');                              % 产生 Axis off 菜单项,但失能
h_sub3=uimenu(h_menu,'label','Grid on',...
```

```
  'separator','on','visible','off');          % 产生与上分隔的 Grid on 菜单项，
                                              但不可见
h_sub4=uimenu(h_menu,'label','Grid off',...
  'visible','off');                           % 产生 Grid off 菜单项,但不可见
set(h_sub1,'callback',[...                    % 选中 Axis on 菜单项后,产生回调
                                              操作
  'axis on,',...                              % 画坐标
  'set(h_sub1,''enable'',''off''),',...       % Axis on 菜单项失能
  'set(h_sub2,''enable'',''on''),',...        % Axis off 菜单项使能
  'set(h_sub3,''visible'',''on''),',...       % Grid on 菜单项可见
  'set(h_sub4,''visible'',''on''),']);        % Grid off 菜单项可见
set(h_sub2,'callback',[...                    % 选中 Axis off 菜单项后,产生回
                                              调操作
  'axis off,',...                             % 使坐标消失
  'set(h_sub1,''enable'',''on''),',...        % Axis on 菜单项使能
  'set(h_sub2,''enable'',''off''),',...       % Axis off 菜单项失能
    'set(h_sub3,''visible'',''off''),',...    % Grid on 菜单项不可见
  'set(h_sub4,''visible'',''off''),']);       % Grid off 菜单项不可见
set(h_sub3,'callback',[...                    % 选中 Grid on 菜单项后,产生回调
'grid on,',...                                % 画坐标分格线
'set(h_sub3,''enable'',''off''),',...         % Grid on 菜单项失能
'set(h_sub4,''enable'',''on''),']);           % Grid off 菜单项使能
set(h_sub4,'callback',[...                    % 选中 Grid off 菜单项,产生回调
'grid off,',...                               % 消除坐标分格线
'set(h_sub3,''enable'',''on''),',...          % Grid on 菜单项使能
'set(h_sub4,''enable'',''off''),']);          % Grid off 菜单项失能
```

其运行结果如图 4-6 所示。

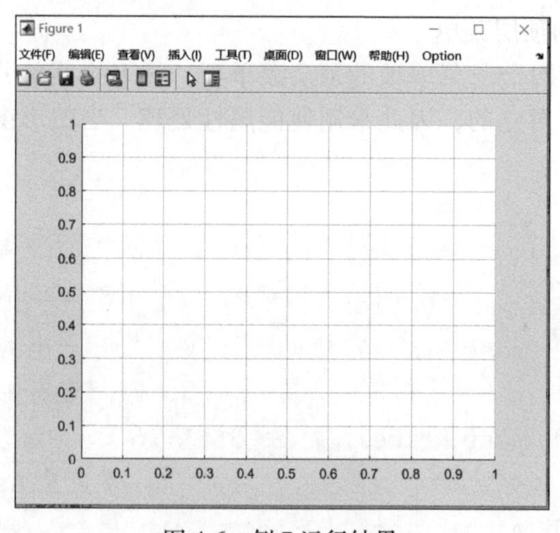

图 4-6　例 7 运行结果

(3) 制作能绘制单位阶跃响应的图形用户界面

对于传递函数为 $G=\frac{1}{s^2+2\zeta s+1}$ 的归一化二阶系统，制作一个能绘制该系统单位阶跃响应的图形用户界面（见图4-7）。本例演示包括以下4项任务：

1）图形界面的大致生成过程。

2）静态文本和编辑框的生成。

3）坐标方格控制键的形成。

4）如何使用该界面。

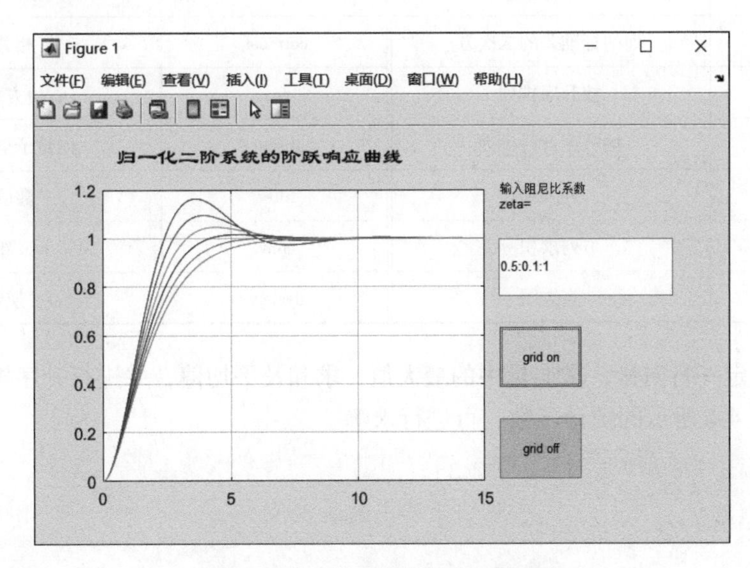

图4-7 某二阶系统的单位阶跃响应

3. 实验要求

(1) 完成所有实验内容

(2) 撰写报告，给出实验内容（3）的操作过程及结果

实验报告包括如下内容：

1）实验题目和目的。

2）实验原理。

3）实验要求完成的程序代码、结果图、结论和运行结果。

4）实验体会。

4.1.6 实验六 数据处理与多项式计算

1. 实验目的

(1) 掌握数据统计和分析的方法

(2) 掌握数值插值与曲线拟合的方法

2. 实验内容

(1) 统计函数

MATLAB的运算是基于数组或矩阵的运算，可以同时处理一组数据，大大方便了数据的统计分析工作，完成对各种数据的整理和分析。MATLAB提供了丰富的统计函数（见表4-6）。

表4-6　MATLAB中的统计函数

命令	说明	命令	说明
max	最大值	histc	直方图
min	最小值	trapz	梯形数值积分
mean	列的平均值	cumsum	列累计和
median	解的中值	cumprod	列累计积
std	列的标准差	cumtrape	列累计梯形积分
var	列的标准差的二次方	corrcoef	相关系数
sort	按升序排列	cov	协方差矩阵
sortrows	按升序对行排列	subspace	向量子空间的夹角
sum	列求和	filter	数值滤波
prod	列求积	conv	卷积
hist	直方图	deconv	逆卷积

【例8】 给定一行向量，求向量中的最大值、求和及平均值，并进行升序排列。

解： 运用表4-6所示的统计函数，可进行求解。

```
>>B=[2 5 8 9 6 5 7 8 5 9 8 9 2 3];
>>y=max(B)                % 求矩阵中的最大值
y=
   9
>>[y,I]=max(B)            % 求矩阵中的最大值并赋给y,同时返回最大值下标I
y=
   9
I=
   4
>>y1=sum(B)             % 求矩阵的和
y1=
   86
>>mean(B)               % 求矩阵数值的平均值
ans=
   6.1429
>>sort(B)               % 对矩阵升序排列
ans=
  列 1 至 14
2  2   3   5   5   5   6   7   8   8   8   9   9   9
```

(2) 多项式

多项式是MATLAB语言中另一种常用的数据组织形式。在本质上，多项式是向量的一种，

一般是指行向量，其元素代表多项式的系数。在 MATLAB 中，多项式使用降幂系数的行向量表示，如多项式 $x^4-12x^3+0x^2+25x+116$，可表示为 p=[1 -12 0 25 116]。

MATLAB 的多项式操作见表 4-7。

表 4-7　MATLAB 的多项式操作

函数名	说明
roots	多项式求根
poly	由根来创建多项式
polyval	多项式求值
max/min	求最大/最小值
polyder	多项式求导
conv/deconv	多项式乘法\除法
sum	多项式求和
polyfit	多项式拟合
polyder	求多项式导数
interp	一维插值

(3) 曲线拟合

其目的就是在众多的样本点中进行拟合，找出满足样本点分布的多项式。曲线的最佳拟合为数据点最小误差的二次方和最小，即最小二乘法。

命令格式为 p=polyfit(x,y,n)。其中，x 和 y 为样本点向量，n 为所求多项式的阶数，p 为求出的多项式。阶数选择过低，造成拟合效果不好，选择过高，虽然效果很好，但在数据点之间很容易出现不光滑，有数据振荡的情况。所以阶数选择不宜过高，一般小于五阶。

【例 9】　对函数 $y=\cos(x)$ 进行二阶拟合和六阶拟合，求出拟合的多项式，并绘制图形进行比较。

解：程序为

```
>>x=logspace(0,0.5,10);
>>y=cos(x);
>>f2=polyfit(x,y,2);                    % 对样本进行二阶拟合
>>f6=polyfit(x,y,6);                    % 对样本进行六阶拟合
>>f2
f2=
    0.2159  -1.6522    2.0246           % 二阶拟合得到的二阶拟合多项式
>> f6
f6=
0.0006  -0.0140  0.0890  -0.0902  -0.4010  -0.0585  1.0144
% 六阶拟合得到的六阶拟合多项式
>>y2=polyval(f2,x);                     % 二阶拟合多项式在样本点的数值
>>y6=polyval(f6,x);                     % 六阶拟合多项式在样本点的数值
>>plot(x,y,'o',x,y2,'+',x,y6,'*')       % 绘制样本点、二阶拟合和六阶拟合
                                          的数值
>>legend('y','y2','y6')
```

拟合函数示意图如图 4-8 所示。

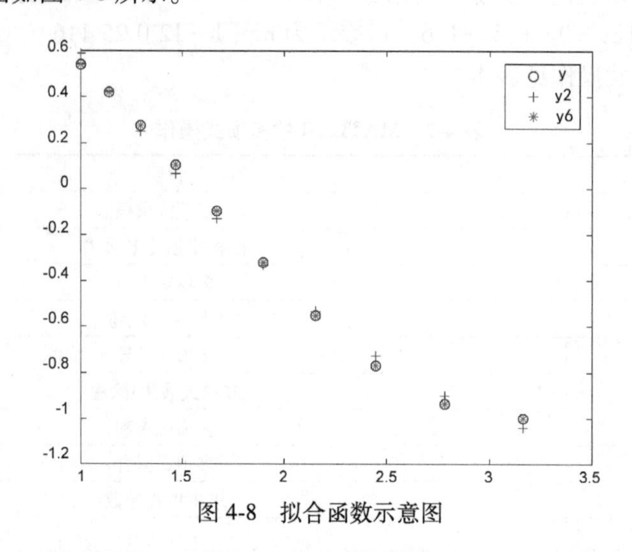

图 4-8　拟合函数示意图

（4）插值

当不能很快地求出所需样本点间的函数值时，插值是一个有价值的工具。插值是指根据给定的有限个样本点，产生另外的估计点以达到数据更为平滑的效果。一维插值是在线的方向上对数据点进行插值；二维插值是在面的方向上进行插值。设计者可以根据需要选择适当的方法，以满足系统属性的要求。其命令格式如下：

y=interp(xs,ys,x,'method')

在有限样本点向量 xs 与 ys 中，插值产生向量 x 和 y，在 method 中，有 4 种选择：

1）nearest，执行速度最快，输出结果为直角转折。

2）linear，默认值，线性插值，在样本点上斜率变化很大。

3）spline，三次样条插值，最花时间，但输出结果也最平滑。

4）cubic，最占内存，输出结果与 spline 差不多。

【例 10】 对某一地区的室外温度连续测量 12h 后，记录并绘制温度曲线，并求取在此任意时间区间内的温度。

解：可对温度样本进行插值，求取任意时刻的温度值，程序为

```
hours=1:12;                                      % 标定 12h 时间向量
temps=[5 8 9 15 25 29 31 30 22 25 27 24];        % 记录 12h 温度数据
plot(hours, temps, hours, temps,'+')             % 绘制温度曲线
title('Temperature')
xlabel('Hour'),  ylabel('Degrees Celsius')
```

绘制的某地 12h 的温度数据曲线如图 4-9 所示。

室外温度曲线进行线性插值计算为

```
t1=interp1(hours, temps, 9.3)                   % 估算在 9.3h 的温度值
t2=interp1(hours, temps, 4.7)                   % 估算在 4.7h 的温度值
t3=interp1(hours, temps, [3.2  6.5  7.1  11.7])
                                                % 估算在[3.2 6.5 7.1 11.7]h
                                                  的温度值
```

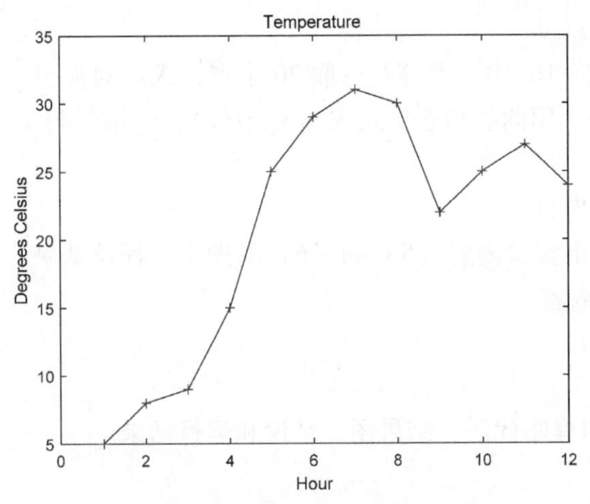

图 4-9　绘制的某地 12h 的温度数据曲线

插值结果为

```
t1=
    22.9000
t2=
        22
t3=
    10.2000  30.0000  30.9000  24.9000
```

如果改用三次样条插值计算为

```
T1=interp1(hours, temps, 9.3,'spline')
T2=interp1(hours, temps, 4.7,'spline')
T3=interp1(hours, temps, [3.2  6.5  7.1  11.7],'spline')
```

插值结果为

```
T1=
  21.8577
T2=
  22.3143
T3=
  9.6734  30.0427  31.1755  25.3820
```

可以看出，两次相对的插值结果是不同的，因为插值是一个估算的过程，应用不同的插值方法会导致不同的结果。

（5）矩阵

创建两个 4×4 矩阵 ***A***、***B***，完成以下操作。

1）求矩阵 ***A*** 每列的最大值及所对应的行号。

2）比较矩阵 ***A***、***B*** 对应元素的大小。

3）求矩阵 ***A*** 每列的平均值、求和。

4）给矩阵 ***B*** 的每行排序。

（6）曲线拟合

已知 $y=x^2$，在 $x\in[-10,10]$ 上等距离取 20 个点，求出对应的 y 数组。给每个 y 的元素上加±0.05（或正或负），用曲线拟合方式求出 $y_1=f(x)$，将结果与 $y=x^2$ 相比较。

3. 实验要求

（1）完成所有实验内容

（2）撰写报告，给出实验内容（5）和（6）的操作过程及结果

实验报告包括如下内容：

1）实验题目和目的。

2）实验原理。

3）实验要求完成的程序代码、结果图、结论和运行结果。

4）实验体会。

4.2 经典控制理论的 MATLAB 实验

4.2.1 实验一 典型环节的性能分析

1. 实验目的

（1）熟悉各种典型环节的阶跃响应曲线

（2）学习用 MATLAB 软件和 Simulink 对典型环节进行仿真

（3）了解参数变化对典型环节动态特性的影响

2. 实验内容

（1）比例环节（K）

1）打开 MATLAB 的编辑窗口，根据图 4-10 所示框图，编写比例环节仿真程序，改变增益模块的参数，并绘制阶跃响应曲线。

2）打开 Simulink 的图形库浏览器，添加“Step”（阶跃输入）、“Gain”（增益）、“Scope”（示波器）模块到仿真操作画面，连接成仿真框图（见图 4-10），观察它们的单位阶跃响应曲线变化情况。

（2）积分环节$\left(\frac{1}{Ts}\right)$

1）打开 MATLAB 的编辑窗口，根据图 4-11 所示框图，编写积分环节仿真程序，改变积分环节的时间常数，并绘制阶跃响应曲线。

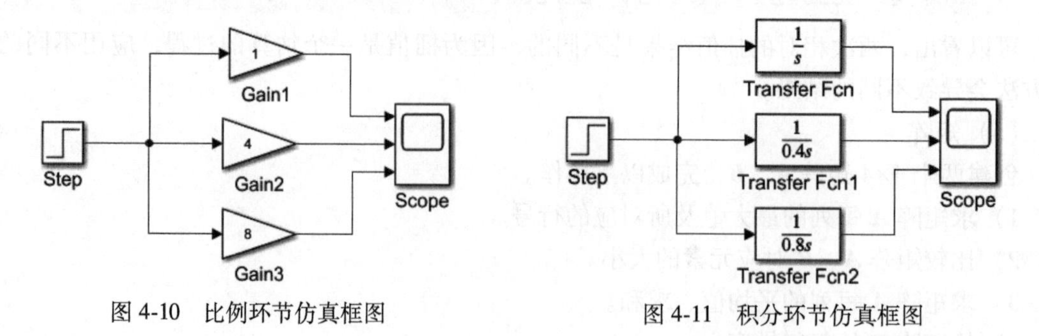

图 4-10 比例环节仿真框图

图 4-11 积分环节仿真框图

2）在 Simulink 模型窗口，将图 4-10 所示框图中的增益模块换成传递函数（Transfer Fcn）模块，并改变传递函数模块的参数，从而改变积分环节的时间常数 T，观察它们的单位阶跃响应曲线变化情况。积分环节仿真框图如图 4-11 所示。

（3）一阶惯性环节$\left(\dfrac{1}{Ts+1}\right)$

1）打开 MATLAB 的编辑窗口，根据图 4-12 所示的框图，编写一阶惯性环节仿真程序，改变惯性环节的时间常数 T，并绘制阶跃响应曲线。

2）在 Simulink 模型窗口，将图 4-11 所示的传递函数模块的参数重新设置，使其传递函数变成$\dfrac{1}{Ts+1}$型，改变惯性环节的时间常数 T，观察它们的单位阶跃响应曲线变化情况。惯性环节仿真框图如图 4-12 所示。

（4）实际微分环节$\left(\dfrac{Ks}{Ts+1}\right)$

1）打开 MATLAB 的编辑窗口，根据图 4-13 所示框图，编写实际微分环节仿真程序，改变微分环节的时间常数 T，并绘制阶跃响应曲线。

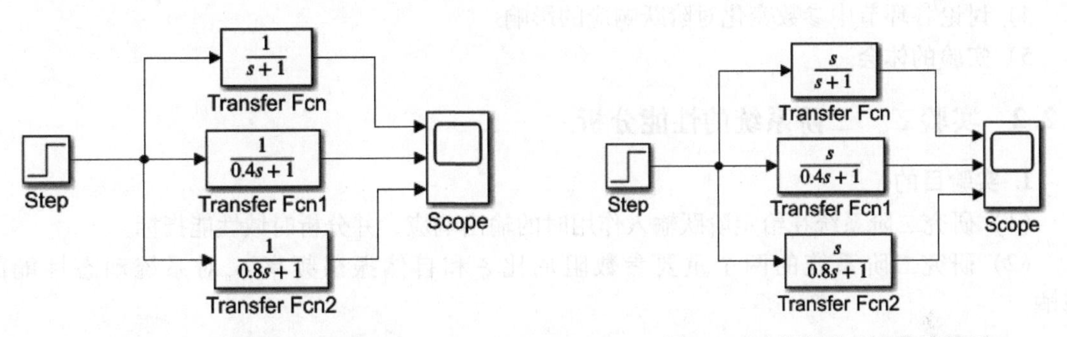

图 4-12　惯性环节仿真框图　　　　图 4-13　实际微分环节仿真框图

2）在 Simulink 模型窗口，将图 4-12 所示的传递函数模块的参数重新设置，使其传递函数变成$\dfrac{Ks}{Ts+1}$型（参数设置时应注意 $T<1$）。令 K 不变，改变微分环节的时间常数 T，观察它们的单位阶跃响应曲线变化情况。实际微分环节仿真框图如图 4-13 所示。

（5）二阶振荡环节$\left(\dfrac{\omega_n^2}{s^2+2\xi\omega_n s+\omega_n^2}\right)$

1）打开 MATLAB 的编辑窗口，根据图 4-14 所示框图，编写二阶振荡环节仿真程序。

① 令 ω_n 不变，ξ 取不同值（$0<\xi<1$），观察其单位阶跃响应曲线变化情况。

② 令 $\xi=0.4$ 不变，ω_n 取不同值，观察其单位阶跃响应曲线变化情况。

2）在 Simulink 模型窗口，将图 4-12 所示的传递函数模块的参数重新设置，使其变成$\dfrac{\omega_n^2}{s^2+2\xi\omega_n s+\omega_n^2}$型（参数设置时应注意 $0<\xi<1$），观察它们的单位阶跃响应曲线变化情况。二阶振荡环节仿真框图如图 4-14 所示。

3. 实验要求

（1）完成所有实验内容

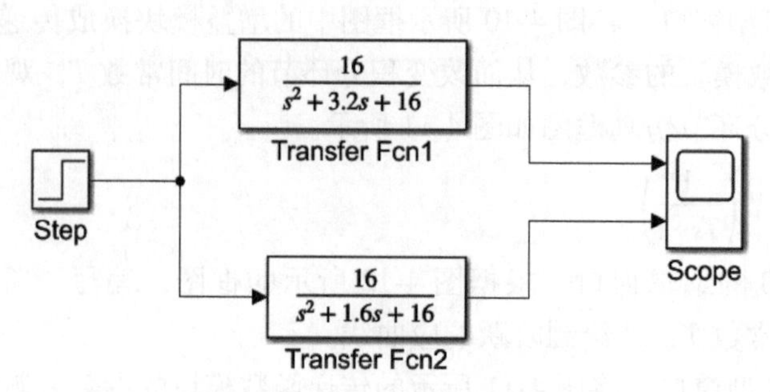

图 4-14　二阶振荡环节仿真框图

（2）撰写实验报告

实验报告包括如下内容：

1）实验题目和目的。

2）实验原理。

3）各环节的仿真框图和阶跃响应曲线，并分析 MATLAB 软件和 Simulink 仿真有何区别。

4）讨论各环节中参数变化对阶跃响应的影响。

5）实验的体会。

4.2.2　实验二　二阶系统的性能分析

1. 实验目的

（1）研究二阶系统在给定阶跃输入作用时的输出响应，并分析时域性能指标

（2）研究二阶系统的两个重要参数阻尼比 ξ 和自然振荡频率 ω_n 对系统动态性能的影响

2. 实验内容

（1）二阶系统时域性能指标

对于典型二阶系统 $G(s)=\dfrac{\omega_n^2}{s^2+2\xi\omega_n+\omega_n^2}$，当输入阶跃信号时，表征系统时域性能的指标一般有，超调量 M_p、峰值时间 t_p、上升时间 t_r 和调节时间 t_s。各参数的定义为如下：

① 超调量 M_p。响应曲线的第一个峰值 $y(t_p)$ 与稳态值 $y(\infty)$ 之差与稳态值 $y(\infty)$ 之比的百分数，它反映了系统相对稳定的一个动态指标，有

$$M_p=\frac{y(t_p)-y(\infty)}{y(\infty)}\times 100\%$$

② 峰值时间 t_p。响应曲线第一次达到峰值时所用的时间。

③ 上升时间 t_r。响应曲线从稳态值的 10%第一次上升到稳态值的 90%时所用的时间，反映系统输出的速度快慢。

④ 调节时间 t_s。响应曲线达到并保持在一个允许误差范围内（Δ 通常取±5%或±2%）。

1）对于图 4-15 所示的框图，使用 MATLAB 中的 step 函数绘制，绘制响应曲线（见图 4-16）。在响应曲线上直接读出超调量 M_p、峰值时间 t_p、上升时间 t_r、调节时间 t_s。

2）根据性能指标定义，编写 MATLAB 文件，求出上述典型二阶系统的超调量、峰值时间、上升时间和调节时间，并与 1）中的结果进行对比。

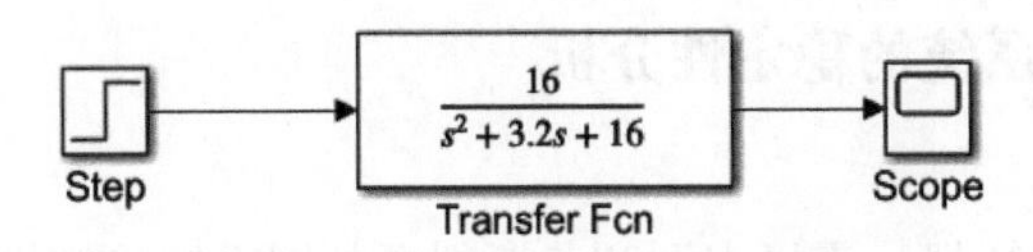

图 4-15　二阶振荡环节仿真框图

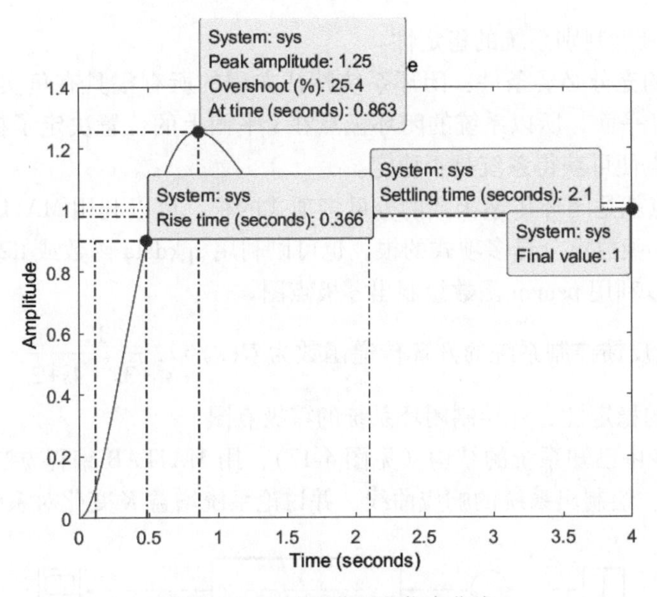

图 4-16　二阶振荡环节仿真曲线

（2）典型二阶系统

二阶系统的传递函数为 $G(s)=\dfrac{\omega_n^2}{s^2+2\xi\omega_n+\omega_n^2}$，参考图 4-15 所示的仿真框图。

1）令 $\omega_n=4$ 不变，ξ 取不同值，即 $\xi_1=0$，ξ_2、ξ_3（$0<\xi<1$），$\xi_4=1$，$\xi_5>1$，观察其单位阶跃响应曲线变化情况。当 ξ 取不同的两个值（$0<\xi<1$）时，分别计算时域性能指标。

2）令 $\xi=0$ 不变，ω_n 取不同值，观察其单位阶跃响应曲线变化情况。

3）令 $\xi=0.4$ 不变，ω_n 取不同值，观察其单位阶跃响应曲线变化情况，并计算超调量 M_p 和 t_s。

3. 实验要求

（1）完成所有实验内容

（2）撰写实验报告

实验报告包括如下内容：

1）实验题目和目的。

2）实验原理。

3）实验要求完成的所有仿真框图、阶跃响应曲线及仿真分析。

4）讨论如下问题。

① 欠阻尼时参数 ω_n 对二阶系统阶跃响应曲线及性能指标 M_p 和 t_s 的影响。

② 欠阻尼时参数 ξ 对二阶系统阶跃响应曲线及性能指标 M_p 和 t_s 的影响。

5）实验体会。

4.2.3 实验三 控制系统的稳定性分析

1. 实验目的

（1）掌握使用闭环特征根、零极点图和劳斯判据判别系统稳定性的方法

（2）了解系统增益变化对系统稳定性的影响

2. 实验内容

（1）利用闭环极点判别系统的稳定性

线性系统稳定的充分必要条件：闭环系统特征方程的所有根具有负实部，或者闭环极点均位于 s 平面的左半平面，所以系统的闭环极点在 s 平面上的位置决定了控制系统的稳定性，求出系统的闭环极点便可获得系统是否稳定。

系统的闭环极点就是闭环传递函数的分母多项式的根，可以利用 MATLAB 中的 pole 函数、eig 函数或利用 roots 函数求分母多项式的根，也可以利用 zpkdata 函数或 tf2zp 函数获得闭环系统的零极点，还可以利用 pzmap 函数绘制出零极点图。

1）已知单位负反馈控制系统的开环传递函数为 $G(s)=\dfrac{1}{s^3+3s^2+4s+2}$，用 MATLAB 编写程序来判断闭环系统的稳定性，并绘制闭环系统的零极点图。

2）在 MATLAB 中已知系统的结构（见图 4-17），用 MATLAB 编程方法判断当 $K=5$、10、15 时系统的稳定性，绘制出系统的响应曲线，并讨论系统增益 K 变化对系统稳定性的影响。

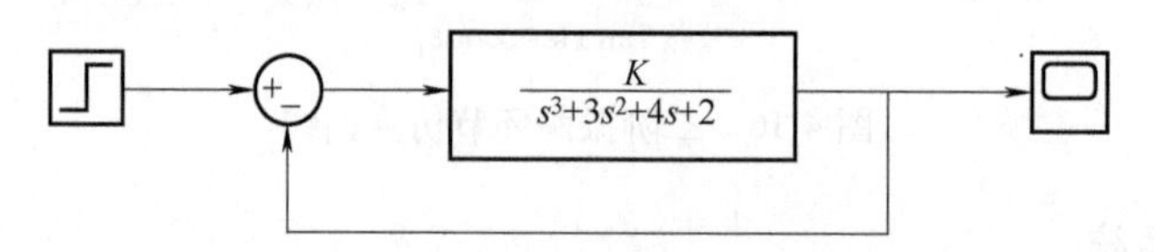

图 4-17 某单位负反馈控制系统框图

（2）利用劳斯判据判别系统的稳定性

劳斯稳定判据：线性系统稳定的充分必要条件是劳斯表中第 1 列的系数均为正值，如果有小于 0 的值，系统不稳定，且其符号变化的次数等于特征方程的根在 s 平面上的个数。

根据已知系统的闭环特征方程，列出劳斯表进行判别，若闭环特征为

$$a_ns^n+a_{n-1}s^{n-1}+a_{n-2}s^{n-2}+\cdots+a_1s+a_0=0$$

劳斯表见表 4-8。

表 4-8 劳斯表

s^n	a_n	a_{n-2}	a_{n-4}	…
s^{n-1}	a_{n-1}	a_{n-3}	a_{n-5}	…
s^{n-2}	$b_1=\dfrac{a_{n-1}a_{n-2}-a_na_{n-3}}{a_{n-1}}$	$b_2=\dfrac{a_{n-1}a_{n-4}-a_na_{n-5}}{a_{n-1}}$	$b_3=\cdots$	…
s^{n-3}	$c_1=\dfrac{b_1a_{n-3}-a_{n-1}b_2}{b_1}$	$c_2=\dfrac{b_1a_{n-5}-a_{n-1}b_3}{b_1}$	$c_3=\cdots$	…
…	…	…	…	…

（续）

s^2	d_1	d_2	d_3	…
s^1	e_1	e_2	0	…
s^0	$f_1=\dfrac{e_1d_2-d_1e_2}{e_1}$	0	0	…

根据劳斯表的第 1 列值 a_n、a_{n-1}、b_1、c_1、…、e_1、f_1，若都大于零，系统是稳定的；若第 1 列有等于零的值，系统处于临界稳定；若第 1 列有小于零的值，系统是不稳定的。程序代码为

```
x=input('please input the polynomial x=')
n=length(x)-1;                        % n 阶系统
if mod(n,2)==0,                       % 计算表的列数
    col=(n/2)+1;
else
    col=(n+1)/2;
end
a=zeros(n+1,col);
for i=1:col                           % 生成劳斯表第 1 行系数
  a(1,i)=x(2*i-1);
end
for i=1:col-1                         % 生成劳斯表第 2 行系数
  a(2,i)=x(2*i);
end
if mod(n,2)==1
  a(2,col)=x(n+1);
end
for i=3:n+1                           % 按劳斯表计算其他数值
  for j=1:col-1
      a(i,j)=(a(i-1,1)*a(i-2,j+1)-a(i-1,j+1)*a(i-2,1))/a(i-1,1);
  end
end
a2=a(:,1);                            % 取劳斯表的第 1 列进行判断
if a2>0
    disp(['系统是稳定的'])
else
    disp(['系统是不稳定的'])
end
```

单位负反馈控制系统的开环传递函数为 $G(s)=\dfrac{K}{s^3+3s^2+4s+2}$，用劳斯判据判断当 $K=5$、10、15 时系统的稳定性。

3. 实验要求

（1）完成所有实验内容

（2）撰写实验报告

实验报告包括如下内容：

1）实验题目和目的。

2）实验原理。

3）实验要求完成的程序代码、仿真框图、图形和数据结果。

4）讨论系统增益 K 变化对系统稳定性的影响。

5）实验体会。

4.2.4 实验四 控制系统的稳态误差分析

1. 实验目的

（1）掌握用 Simulink 仿真方法，观察不同信号作用下稳态误差的变化

（2）观察系统结构和稳态误差之间的关系

2. 实验内容

（1）稳态误差

稳态误差是稳态性能的一个重要指标，是系统控制精度或抗扰动能力的一种度量。它与控制系统的结构和参数有关，也与控制信号的形式、大小有关，见表 4-9。

表 4-9 稳态误差与系统型别、信号的关系

系统型别	$n=0$	$n=1$	$n=2$
阶跃 $u(t)$：$R(s)=1/s$	$\dfrac{1}{1+K_p}$	0	0
斜坡 t：$R(s)=1/s^2$	∞	$\dfrac{1}{K_v}$	0
加速度 $t^2/2$：$R(s)=1/s^3$	∞	∞	$\dfrac{1}{K_a}$

（2）稳态误差分析

1）已知图 4-18 所示的控制系统。其中 $G(s)=\dfrac{1}{Ts}$，T 分别取 0.5、1、2 时，用 Simulink 仿真方法，分析系统在单位斜坡输入作用下的输出曲线和稳态误差曲线，讨论 T 变化时对稳态误差的影响。

2）已知图 4-18 所示的控制系统，其中 $G(s)$ 分别为 $G_1(s)=\dfrac{1}{s+5}$、$G_2(s)=\dfrac{1}{s(s+5)}$、$G_3(s)=\dfrac{1}{s^2(s+5)}$时，用 Simulink 仿真方法，分析系统在单位斜坡输入作用下的输出曲线和稳态误差曲线，讨论系统结构和稳态误差之间的关系。

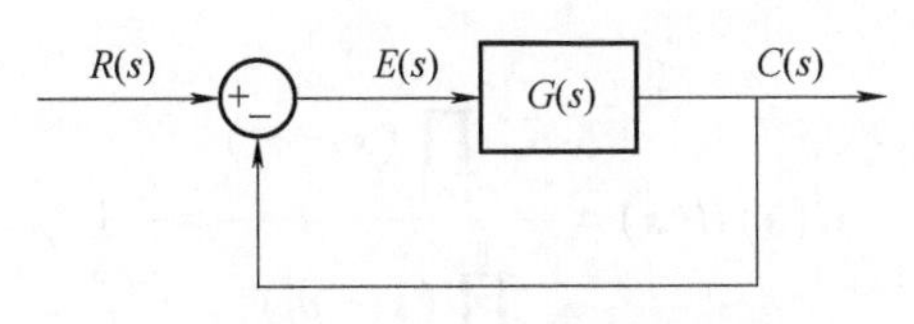

图 4-18　某控制系统框图

3）若将系统变为 I 型系统，$G(s)=\dfrac{1}{s(s+5)}$，用 Simulink 仿真方法，分析在单位阶跃输入、单位斜坡输入和单位加速度信号输入作用下的输出曲线和稳态误差曲线，观察在输入信号变化时系统的稳态误差的变化。

3. 实验要求

（1）完成所有实验内容

（2）撰写实验报告

实验报告包括如下内容：

1）实验题目和目的。

2）实验原理。

3）实验要求完成的程序代码、仿真框图、波形和数据结果。

4）讨论如下问题。

① 对给定输入的稳态误差如何定义的。

② 讨论系统型数及系统输入对系统稳态误差的影响。

5）实验体会。

4.2.5　实验五　控制系统根轨迹的分析

1. 实验目的

（1）掌握用 MATLAB 绘制常规根轨迹、零度根轨迹和参量根轨迹的方法

（2）观察分析增加零极点对根轨迹和系统性能的影响

2. 实验内容

典型闭环控制系统框图如图 4-19 所示。

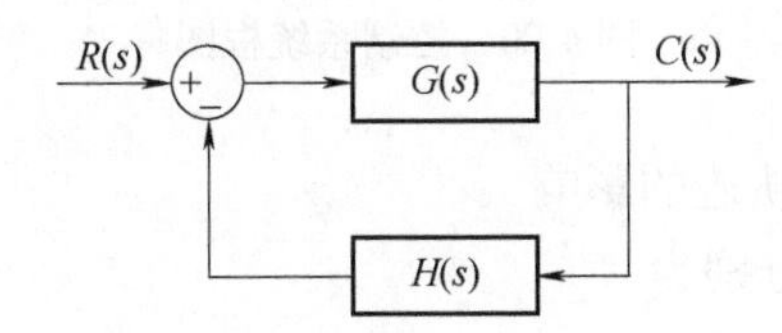

图 4-19　典型闭环控制系统框图

开环传递函数可表示为

$$G_0(s)=G(s)H(s)=\frac{K^*\prod_{i=1}^{m}(s-z_i)}{\prod_{j=1}^{n}(s-p_j)} \tag{4-1}$$

系统的闭环特征方程为 $1+G(s)H(s)=0$。

可得根轨迹方程为

$$G(s)H(s)=\frac{K^{*}\prod_{i=1}^{m}(s-z_i)}{\prod_{j=1}^{n}(s-p_j)}=-1 \tag{4-2}$$

用 MATLAB 绘制系统的根轨迹时，根据系统的开环传递函数 $G_0(s)=G(s)H(s)=\frac{b_m s^m+b_{m-1}s^{m-1}+...+b_1 s+b_0}{a_n s^n+a_{n-1}s^{n-1}+...+a_1 s+a_0}$，首先将传递函数的分子分母多项式的系数写成两个一维数组：

$$\text{num}=[b_m \quad b_{m-1} \quad \cdots \quad b_1 \quad b_0]$$
$$\text{den}=[a_n \quad a_{n-1} \quad \cdots \quad a_1 \quad a_0]$$

利用 MATLAB 中的 rlocus 函数绘制系统的根轨迹。

（1）绘制根轨迹

1）已知系统的开环传递函数为

$$G_0(s)=\frac{K(s+3)}{(s+0.5)(s+2)}$$

使用 MATLAB 绘制负反馈系统的根轨迹；确定系统为欠阻尼时的 K 值范围，并给定一 K 值，绘制系统的阶跃响应曲线；当闭环极点位于“-5”处，求系统的 K 及其他的闭环极点。

2）已知正反馈系统的开环传递函数为

$$G_0(s)=\frac{K(s+3)}{(s+0.5)(s+2)}$$

试绘制根轨迹，并判断系统稳定的 K 的取值范围。

3）控制系统框图如图 4-20 所示，试绘制系统以 K 为参量的根轨迹。

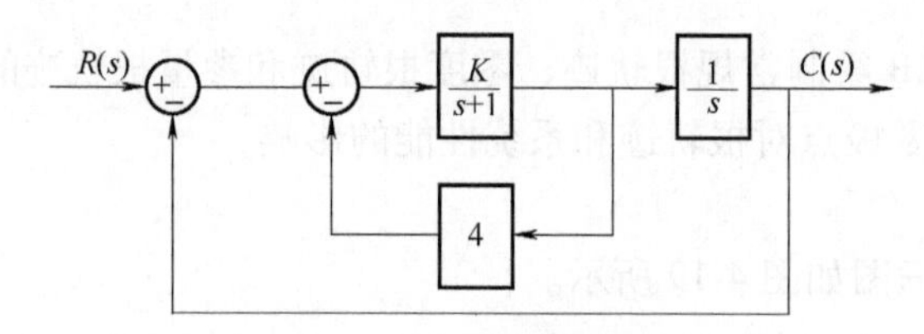

图 4-20　控制系统框图

（2）分析增加零极点对根轨迹的影响

已知系统的开环传递函数分别为

$$G_{01}(s)=\frac{K}{(s+1)(s+4)}$$

$$G_{02}(s)=\frac{K}{s(s+1)(s+4)}$$

$$G_{03}(s)=\frac{K(s+2)}{s(s+1)(s+4)}$$

使用 MATLAB 分别绘制负反馈系统的根轨迹，分析增加极点和零点，对系统根轨迹和性能的影响，并绘制出取相同 K 值时的单位阶跃响应曲线进行说明。

3. 实验要求

（1）完成所有实验内容

（2）撰写实验报告

实验报告包括如下内容：

1）实验题目和目的。

2）实验原理。

3）实验要求完成的程序代码、根轨迹图和运行结果及分析。

4）实验体会。

4.2.6　实验六　自动控制系统的频域分析

1. 实验目的

（1）利用 MATLAB 绘制典型环节的频率特性图

（2）根据奈奎斯特图判断系统的稳定性

（3）根据伯德图计算系统的稳定裕度

2. 实验内容

频域分析是基于频率特性 $G(\mathrm{i}\omega)$，它是建立系统模型的一种常用方法，与传递函数是一一对应关系。频域法是将不同频率的正弦信号作用于被测对象，测取被测对象的稳态输出与输入信号的幅值比和相位差，即获得被测对象的频率特性。

（1）典型环节的频率特性

1）比例环节（K）。根据图 4-21 所示的仿真框图，绘制 K 取不同值时的极坐标图和伯德图。观察 K 值变化时对极坐标图和伯德图的影响。

2）积分环节$\left(\dfrac{1}{Ts}\right)$。根据图 4-22 所示的仿真框图，绘制 T 取不同值时的极坐标图和伯德图。观察 T 值变化时对极坐标图和伯德图的影响。

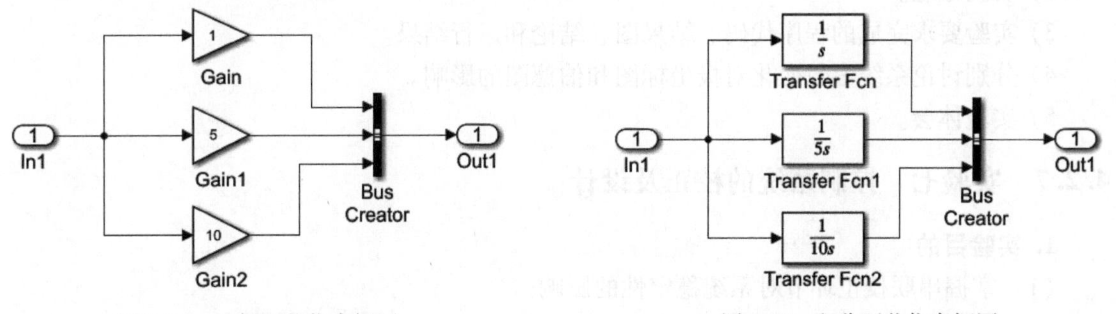

图 4-21　比例环节仿真框图　　　　图 4-22　积分环节仿真框图

3）一阶惯性环节$\left(\dfrac{1}{Ts+1}\right)$。根据图 4-23 所示的仿真框图，绘制 T 取不同值时的极坐标图和伯德图。

4）微分环节（Ts）。与以上环节类似，绘制 $T=1$、5、10 时的微分环节的极坐标图和伯德图，观察 T 值变化时对极坐标图和伯德图的影响。

5）二阶振荡环节$\left(\dfrac{\omega_{\mathrm{n}}^2}{s^2+2\xi\omega_{\mathrm{n}}s+\omega_{\mathrm{n}}^2}\right)$。根据图 4-24 所示的仿真框图，绘制每个环节的极坐标

图和伯德图，观察 ξ 值变化时对极坐标图和伯德图的影响。

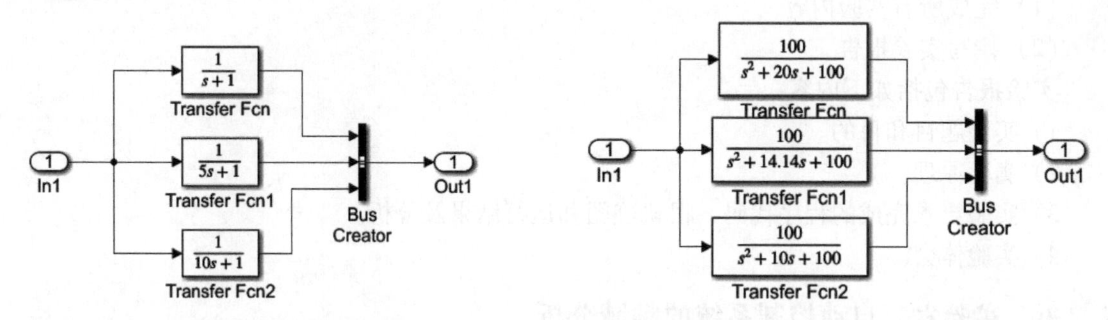

图 4-23　一阶惯性环节仿真框图　　图 4-24　二阶振荡环节仿真框图

（2）奈奎斯特图判断系统的稳定性

已知系统的开环传递函数为 $G(s)=\dfrac{100K}{s(s+5)(s+10)}$，分别绘制 $K=0.4$、5、10 时系统的奈奎斯特图，并判断系统的稳定性，同时绘制系统的单位阶跃响应曲线。

（3）伯德图计算系统的稳定裕度

已知某高阶系统的传递函数为 $G(s)=\dfrac{100(0.5s+1)}{s(s+1)(0.1s+1)(0.05s+1)}$，绘制系统的伯德图，并计算系统的相角裕度和幅值裕度。

3. 实验要求

（1）完成所有实验内容

（2）撰写实验报告

实验报告包括如下内容：

1）实验题目和目的。

2）实验原理。

3）实验要求完成的程序代码、结果图、结论和运行结果。

4）分别讨论系统参数变化对极坐标图和伯德图的影响。

5）实验体会。

4.2.7　实验七　控制系统的校正及设计

1. 实验目的

（1）掌握串联校正环节对系统稳定性的影响

（2）了解如何使用 SISO 系统设计工具进行系统设计

2. 实验内容

为了使控制系统能满足一定的性能指标，常常在控制系统中引入附加装置，称为控制器或校正装置。串联校正是指校正装置与系统的被控对象串联（见图 4-25）。

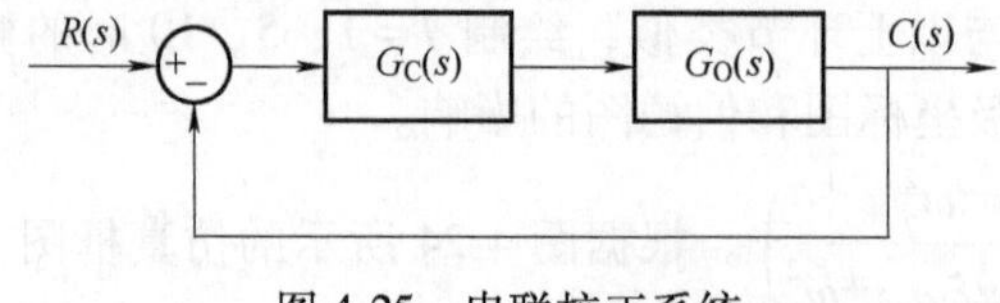

图 4-25　串联校正系统

图 4-25 中，$G_C(s)$ 表示校正装置的传递函数，$G_0(s)$ 表示原系统的被控对象的传递函数。当 $G_C(s)=\frac{1+aTs}{1+Ts}(a>1)$，为串联超前校正；当 $G_C(s)=\frac{1+aTs}{1+Ts}(a<1)$，为串联滞后校正。

当系统的性能指标以时域形式给出时，一般应用根轨迹法进行校正。MATLAB 提供了 SISO 系统的根轨迹设计工具 SISO TOOL。通过该工具，用户可以快速完成以下工作：绘制闭环系统根轨迹、计算系统的性能指标、绘制开环系统伯德图或奈奎斯特图、设计补偿器、设计超前或滞后网络和滤波器、调整系统幅值或相位裕度等。

根轨迹校正基本思路：将系统时域性能指标转化为一对期望的闭环主导极点 s_d，引入串联校正后，使系统工作在希望的闭环主导极点处，而闭环的其他极点要远离 s 平面的虚轴。串联超前校正可以提高响应速度，增加系统的稳定性；串联滞后校正可以改善系统的稳态精度。

（1）增加和移动零极点对根轨迹的影响

1）使用根轨迹设计工具 SISO TOOL，将定义在 MATLAB 工作区的被控对象 $G_0(s)=\frac{K}{s(s+2)}$导入设计工具中，并赋值给模型 G。分别记录原系统的根轨迹图、响应曲线和伯德图中的图形与数值。

2）增加开环极点，即在“Controllers and Fixed Blocks”窗口下选中补偿器 C，右键选择“Open Selection”，打开“Compensator Editor”编辑器，修改补偿器 C 为惯性环节 $G_C(s)=\frac{1}{1+0.2s}$，如图 4-26 所示。即，在原来开环系统基础上增加一个极点 $p_3=-5$，有

$$G_{01}(s)=\frac{5K}{s(s+2)(s+5)}$$

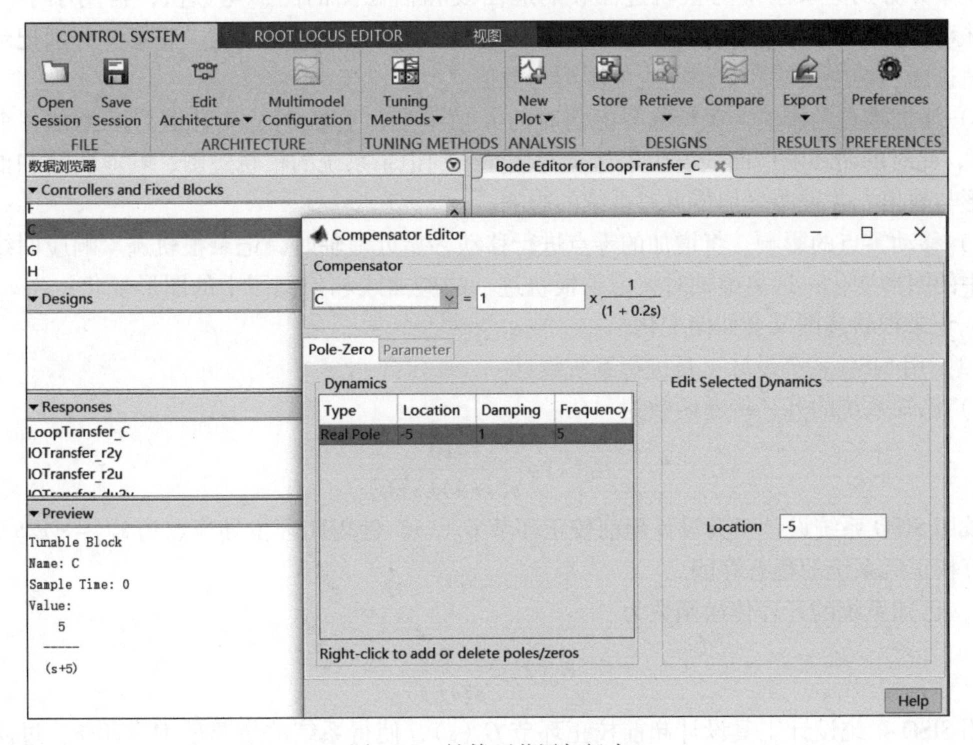

图 4-26　补偿环节添加极点

分别记录加入极点 p_3 后，系统的根轨迹图、响应曲线和伯德图中的数值，与 1）的结果相比较，有什么变化，说明加入极点对系统的影响。

3）移动一个开环极点的影响。根据 2），获得补偿后系统的根轨迹图（见图 4-27）。

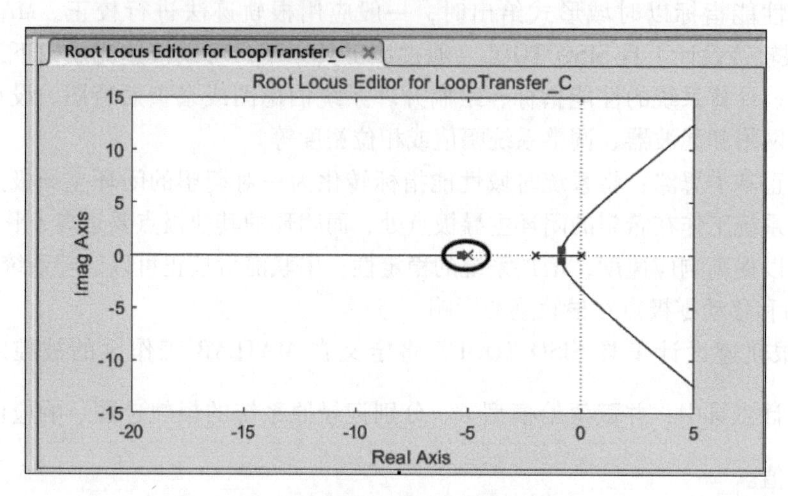

图 4-27　补偿后系统的根轨迹图

图 4-27 中，黑色圆圈并用“×”标识的极点即为补偿器 C 的极点。靠近该极点位置时，鼠标指针变成一只小手，试着用小手拖动极点变化，此时系统开环传递函数为

$$G_{O2}(s)=\frac{4K}{s(s+2)(s+4)}$$

观察并分别记录系统的根轨迹图、响应曲线和伯德图的图形与数值；再用小手改变用“■”标识的闭环极点位置，找到闭环响应曲线发生临界振荡时的 K 值，观察并分别记录系统的根轨迹图、响应曲线和伯德图中的图形与数值。

4）增加零点的影响。保持临界振荡时的 K 值不变，重复 2），为补偿器 C 添加一个零点 $z_1=-1$，此时的闭环响应曲线发生了什么变化，分别记录系统的根轨迹图、响应曲线和伯德图的图形与数值，并说明增加零点对系统的影响。

5）移动零点的影响。将增加的零点进行移动，靠近虚轴时，记录根轨迹、响应曲线和伯德图中的图形变化；远离虚轴时，记录根轨迹、响应曲线和伯德图中的图形变化；当 z_1 靠近 p_3 时，记录根轨迹图又会如何变化。

（2）用 SISO 系统设计工具进行系统设计

1）已知系统的开环传递函数为

$$G_O(s)=\frac{10}{s(s+4)(s+6)}$$

试用 SISO 系统设计工具设计超前校正环节 $G_C(s)$，使得闭环主导极点为 $s_{1,2}=-1.5\pm i1.5$，并计算校正后系统的稳态性能。

2）已知系统的开环传递函数为

$$G_O(s)=\frac{4}{s(s+1)}$$

用 SISO 系统设计工具设计超前校正环节 $G_C(s)$，使得系统的超调量 $M_p<20\%$，过渡过程时间 $t_s<4s$，并比较校正前后系统的稳态性能。

3. 实验要求

（1）完成所有实验内容

（2）撰写实验报告

实验报告包括如下内容：

1）实验题目和目的。

2）实验原理。

3）完成实验内容 1 中超前网络设计中的设计过程，记录系统的根轨迹图、响应曲线和伯德图中的图形与数值，以及网络传递函数；完成实验内容（2）中的 1 个即可。

4）实验体会。

4.2.8　实验八　PID 控制器参数整定

1. 实验目的

（1）掌握使用 MATLAB 编程和 Simulink 仿真对 PID 参数进行整定

（2）掌握参数变化时对控制器性能的影响

2. 实验内容

（1）三种控制器的作用

如图 4-28 所示，对于被控对象 $G(s)=\dfrac{1}{s^2+3s+10}$，分别使用比例控制、比例微分控制、比例积分控制和 PID 控制进行对被控对象的控制，并观察它们的不同控制效果。

1）比例控制。$k_P=1$、10、50 时，MATLAB 编程或 Simulink 仿真，并观察它们的不同控制效果。

2）比例微分控制。$k_P=100$，$k_D=1$、6、12 时，MATLAB 编程或 Simulink 仿真，并观察它们的不同控制效果。

3）比例积分控制。$k_P=30$，$k_I=10$、30、50 时，MATLAB 编程或 Simulink 仿真，并观察它们的不同控制效果。

4）PID 控制。自选 k_P、k_I、k_D 的参数，MATLAB 编程或 Simulink 仿真，并分别观察比例控制、比例微分控制和比例积分控制的变化对系统性能的影响。

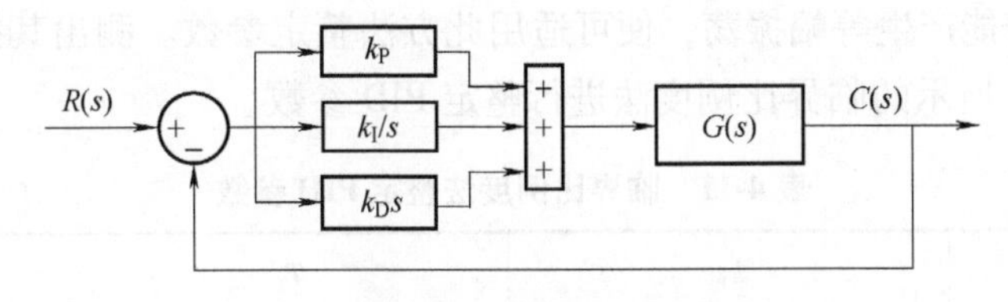

图 4-28　某控制系统结构框图

（2）工程整定方法

PID 控制器是工业过程控制中广泛采用的一种控制器，将偏差的比例、积分和微分通过线性组合构成控制量，用该控制量对受控对象进行控制，称为 PID 算法。

$$y(t)=k_P\left[e(t)+\frac{1}{T_I}\int_0^t e(t)\,\mathrm{d}t+T_D\frac{\mathrm{d}e(t)}{\mathrm{d}t}\right] \tag{4-3}$$

其传递函数为

$$G_C(s)=k_P\left[1+\frac{1}{T_I s}+T_D s\right] \tag{4-4}$$

1）齐格勒-尼科尔斯（Ziegler-Nichols）法。如果对被控对象（开环系统）施加一个单位阶跃信号，通过实验方法，测出其响应信号。如果该曲线为一条S形曲线，如图4-29所示，则可以使用该方法进行控制器的整定。根据这条单位阶跃响应曲线定出一些能反映控制对象动态特性的参数，以曲线的拐点作一条切线得到三个参数：k是控制对象的增益，L是延时时间，T是时间常数。

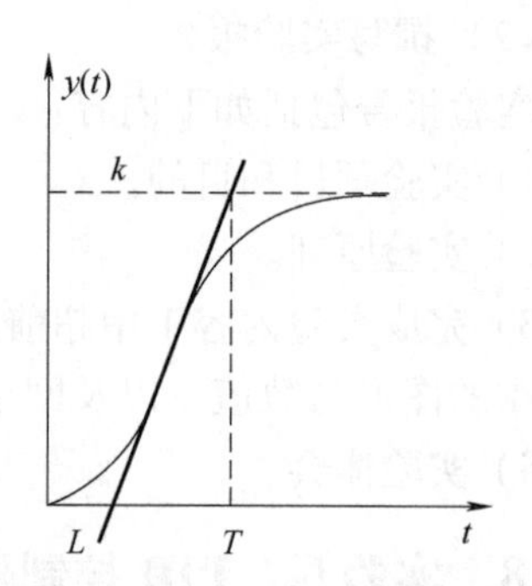

图4-29　S形的响应曲线

则输出信号可由图4-29所示的形状近似确定增益k、延时时间L和时间常数T，S形曲线描述的传递函数为

$$\frac{C(s)}{R(s)}=\frac{k\mathrm{e}^{-Ls}}{Ts+1} \tag{4-5}$$

根据表4-10所示的公式，确定控制器中相对应的k_P、T_I、T_D的值。

表4-10　齐格勒-尼科尔斯法整定PID参数

控制器类型	k_P	T_I	T_D
P	$\frac{T}{kL}$	∞	0
PI	$\frac{0.9T}{kL}$	$3.33L$	0
PID	$\frac{1.2T}{kL}$	$2L$	$0.5L$

已知过程控制系统的被控对象$G_0(s)$为$G_0(s)=\frac{8}{200s+1}\mathrm{e}^{-50s}$，用齐格勒-尼科尔斯法，分别确定P、PI、PID三种控制器的参数，并比较控制器的作用效果。

2）临界比例度法。适用于对象传递函数已知的场合，先使系统只受比例控制，当k_P由小变大时，闭环系统若能产生等幅振荡，便可适用此方法整定参数。测出其振幅k_m和振荡周期t_m，然后根据表4-11所示的临界比例度法进行整定PID参数。

表4-11　临界比例度法整定PID参数

控制器类型	k_P	T_I	T_D
P	$0.5k_m$	∞	0
PI	$0.45k_m$	$t_m/1.2$	0
PID	$0.6k_m$	$0.5t_m$	$0.125t_m$

已知被控对象的传递函数为$G_0(s)=\frac{8}{s(s+1)(s+4)}$，试用临界比例度法分别确定P、PI、PID三种控制器的参数，并绘制系统的单位阶跃响应曲线。

3. 实验要求

（1）完成所有实验内容

（2）撰写实验报告

实验报告包括如下内容：

1）实验题目和目的。

2）实验原理。

3）实验要求完成的程序代码、响应曲线及分析。

4）说明 PI 和 PD 控制器各适合于什么场合，说明 PID 控制器的优点。

5）实验体会。

4.2.9　实验九　非线性系统的稳定性分析

1. 实验目的

（1）掌握使用 MATLAB 编程进行非线性系统的稳定性分析

（2）掌握稳定自振荡频率和振幅的计算

2. 实验内容

若非线性系统（见图 4-30），则使用描述函数法判别非线性系统稳定性：若 $G(s)$ 本身是稳定的［$G(s)$ 的极点均在 s 平面的左半平面］，则只有当 $G(\mathrm{i}\omega)$ 曲线不包围$-\dfrac{1}{N(A)}$曲线时，闭环系统是稳定的；若 $G(\mathrm{i}\omega)$ 曲线包围$-\dfrac{1}{N(A)}$曲线时，闭环系统是不稳定的；若 $G(\mathrm{i}\omega)$ 曲线和$-\dfrac{1}{N(A)}$曲线相交，随着 A 的增加，如果$-\dfrac{1}{N(A)}$曲线由不稳定区进入稳定区，则该交点是自持振荡点；反之，随着 A 的增加，如果$-\dfrac{1}{N(A)}$曲线由稳定区进入不稳定区，则该交点是非自持振荡点。

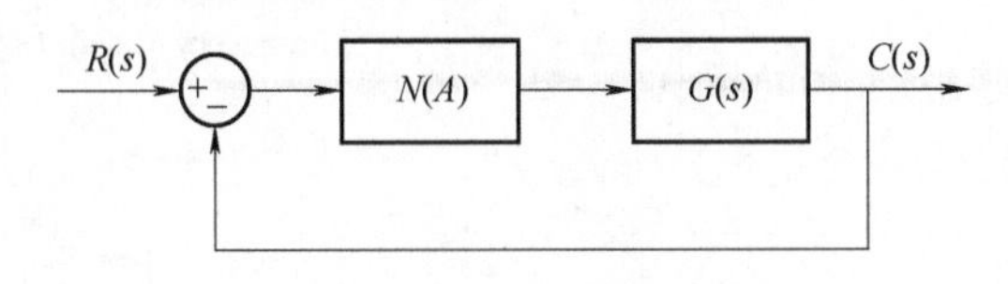

图 4-30　非线性系统框图

（1）判断系统稳定性及自振荡计算示例 1

对于某非线性系统（见图 4-31），试用 MATLAB 编程判断系统的稳定性；如果系统为稳定的自振荡，计算自振荡的频率和振幅。

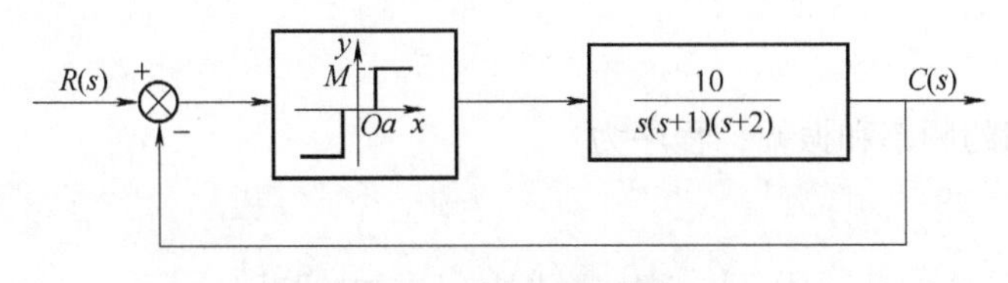

图 4-31　示例 1 的系统框图

非线性环节为死区继电器特性，描述函数为 $N(A)=\dfrac{4M}{\pi A}\sqrt{1-\left(\dfrac{a}{A}\right)^2}$，其中 $A\geqslant a$。当 $M=1$、$a=0.5$ 时，则 $N(A)=\dfrac{4}{\pi A}\sqrt{1-\left(\dfrac{0.5}{A}\right)^2}$，有 $A\geqslant 0.5$。

1）绘制 $G(\mathrm{i}\omega)$ 曲线与 $-\dfrac{1}{N(A)}$ 曲线，程序为

```
>>num=10;den=conv([1 1 0],[1 2]);
>>G=tf(num,den);
>>nyquist(G)
>>hold on
>>axis([-6 1 -4 4]);
>>for A=0.5:0.1:10
    NA=4/(pi*A)*sqrt(1-(0.5/A)^2);
    y=zeros(size(NA));
    plot(-1/(NA),y,'k*')
    hold on, grid
end
```

运行程序，可得图 4-32 所示的 $G(\mathrm{i}\omega)$ 曲线与 $-\dfrac{1}{N(A)}$ 曲线。

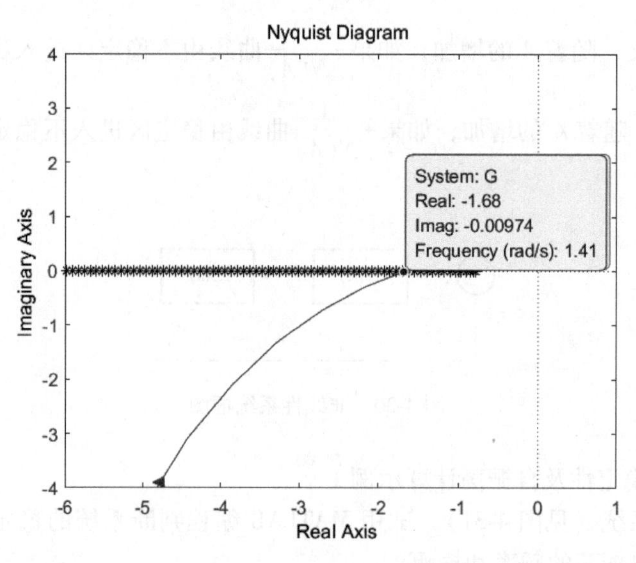

图 4-32　示例 1 程序得到的 $G(\mathrm{i}\omega)$ 曲线与 $-\dfrac{1}{N(A)}$ 曲线

2）计算自振荡的频率和振幅，程序为

```
>>syms A;
>>eqn=4/(pi*A)* sqrt(1-(0.5/A)^2)==0.595;
>>A=solve(eqn);
```

相交点的频率 $\omega=1.41$，$\mathrm{Re}(G(\mathrm{i}\omega))=-1.68$，所以$-\frac{1}{N(A)}=-1.68$，则 $N(A)=0.595$，求解振幅有 2 个，分别为 $A_1=0.52$，$A_2=2.08$。

$G(\mathrm{i}\omega)$ 曲线与$-\frac{1}{N(A)}$曲线相交处有 2 个值，并且在同一点上，在 $A_1=0.52$ 这一点时随着 A 的增加，$-\frac{1}{N(A)}$曲线由稳定区进入不稳定区，所以这一点是非自持振荡点；在 $A_2=2.08$ 这一点时随着 A 的增加，$-\frac{1}{N(A)}$曲线由不稳定区进入稳定区，所以这一点是自持振荡点。最终自振荡的频率 $\omega=1.41$，振幅 $A=2.08$。

（2）判断系统稳定性及自振荡计算示例 2

对于某非线性系统（见图 4-33），试用 MATLAB 编程判断系统的稳定性；如果系统为稳定的自振荡，计算自振荡的频率和振幅。

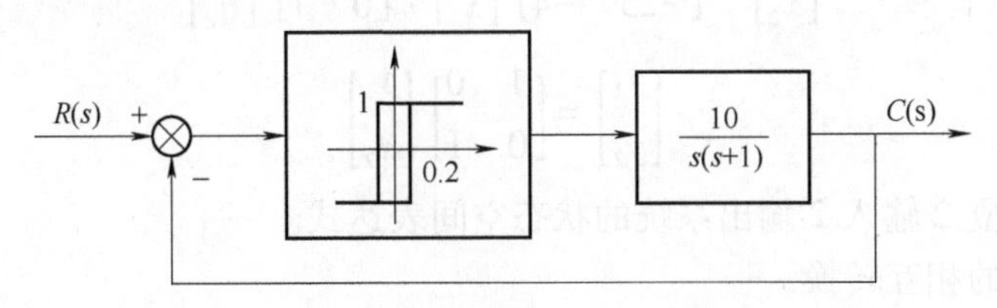

图 4-33　示例 2 的系统框图

用 MATLAB 编程画出 $G(\mathrm{i}\omega)$ 曲线与$-\frac{1}{N(A)}$曲线，并判断稳定性，计算自振荡的频率和振幅。

3. 实验要求

（1）完成所有实验内容

（2）撰写实验报告

实验报告包括如下内容：

1）实验题目和目的。

2）实验原理。

3）实验要求完成的程序代码、结果图、结论和运行结果。

4）实验体会。

4.3　现代控制理论的 MATLAB 实验

4.3.1　实验一　状态空间模型的建立及相互转换

1. 实验目的

（1）熟悉用 ss 函数建立状态空间模型

（2）熟悉各种模型之间的相互转换

（3）熟悉用模型的系统连接函数建立复杂系统模型

2. 实验内容

（1）建立状态空间模型

打开 MATLAB 的编辑窗口，根据以下系统的状态空间模型表达式，建立系统的状态空间模型，并保存。

1）设系统的状态空间模型表达式为

$$\begin{bmatrix}\dot{x}_1\\ \dot{x}_2\end{bmatrix}=\begin{bmatrix}0 & 1\\ -3 & -2\end{bmatrix}\begin{bmatrix}x_1\\ x_2\end{bmatrix}+\begin{bmatrix}0\\ 5\end{bmatrix}u$$

$$y=\begin{bmatrix}1 & 3\end{bmatrix}\begin{bmatrix}x_1\\ x_2\end{bmatrix}$$

试建立其状态空间表达式。

2）设系统的状态空间模型表达式为

$$\begin{bmatrix}\dot{x}_1\\ \dot{x}_2\end{bmatrix}=\begin{bmatrix}0 & 1\\ -25 & -4\end{bmatrix}\begin{bmatrix}x_1\\ x_2\end{bmatrix}+\begin{bmatrix}1 & 1\\ 0 & 1\end{bmatrix}\begin{bmatrix}u_1\\ u_2\end{bmatrix}$$

$$\begin{bmatrix}y_1\\ y_2\end{bmatrix}=\begin{bmatrix}1 & 0\\ 0 & 1\end{bmatrix}\begin{bmatrix}x_1\\ x_2\end{bmatrix}$$

试利用 MATLAB 建立 2 输入 2 输出系统的状态空间表达式。

（2）模型之间的相互转换

打开 MATLAB 的编辑窗口，根据以下系统的模型表达式进行相互转换，并保存。

1）设系统的传递函数模型为

$$G(s)=\frac{10s+10}{s^3+6s^2+5s+10}$$

试建立系统的传递函数模型，并求系统对应的零极点模型和状态空间表达式。

2）设系统的状态空间模型表达式为

$$\begin{bmatrix}\dot{x}_1\\ \dot{x}_2\end{bmatrix}=\begin{bmatrix}0 & 1\\ -25 & -4\end{bmatrix}\begin{bmatrix}x_1\\ x_2\end{bmatrix}+\begin{bmatrix}1 & 1\\ 0 & 1\end{bmatrix}\begin{bmatrix}u_1\\ u_2\end{bmatrix}$$

$$\begin{bmatrix}y_1\\ y_2\end{bmatrix}=\begin{bmatrix}1 & 0\\ 0 & 1\end{bmatrix}\begin{bmatrix}x_1\\ x_2\end{bmatrix}$$

试求系统对应的零极点模型和传递函数模型。

（3）建立复杂系统模型

打开 MATLAB 的编辑窗口，根据系统框图，化简下列复杂系统，并保存。

1）对于图 4-34 所示的复杂系统 1，求闭环传递函数。

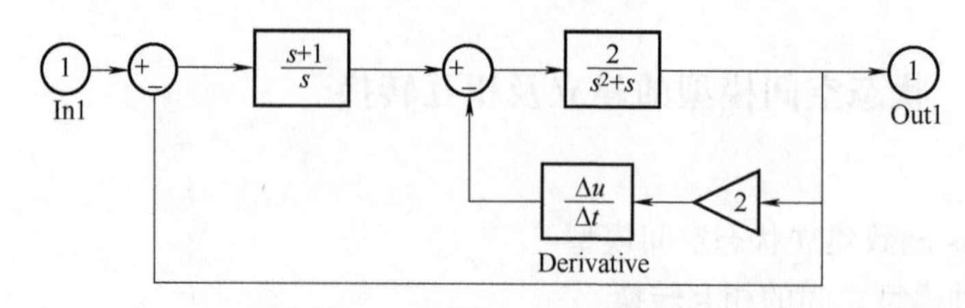

图 4-34　复杂系统 1 的系统框图

2）对于图 4-35 所示的复杂系统 2，求系统的状态空间表达式。

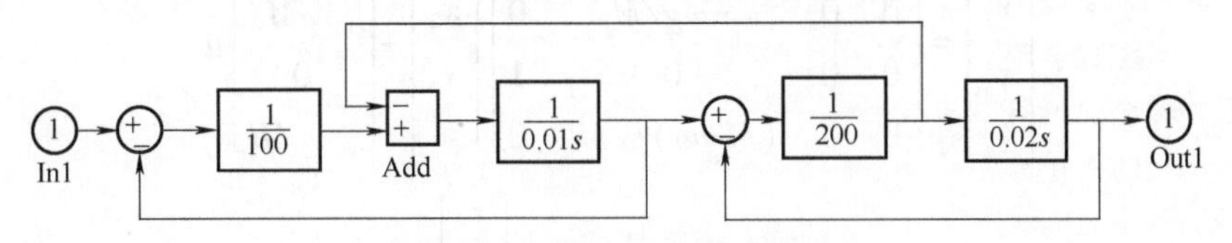

图 4-35　复杂系统 2 的系统框图

3. 实验要求

（1）完成所有实验内容

（2）撰写实验报告

实验报告包括如下内容：

1）实验题目和目的。

2）实验原理。

3）实验要求完成的程序代码、结果图、结论和运行结果。

4）实验体会。

4.3.2　实验二　系统的可控性、可观测性判定

1. 实验目的

（1）掌握能控性和能观性的基本概念，并使用判据进行判断分析

（2）了解不完全能控和不完全能观的系统，并进行结构分解

（3）掌握将状态空间表达式转换为对角线标准型、约旦标准型、能控标准型和能观标准型的方法

2. 实验内容

（1）能控性和能观性的判断分析

1）已知小车-倒立摆系统（见图 4-36），质量为 M 的小车在水平方向滑动；质量为 m 的球连在长度为 l 的刚性摆一端；y 为输出，表示小车的位移；u 为输入，表示作用在小车上的力，通过移动小车使带有小球的摆杆始终处于垂直的位置。为了简单起见，假设小车和摆仅在一个平面内运动，且不考虑摩擦、摆杆的质量和空气阻力。

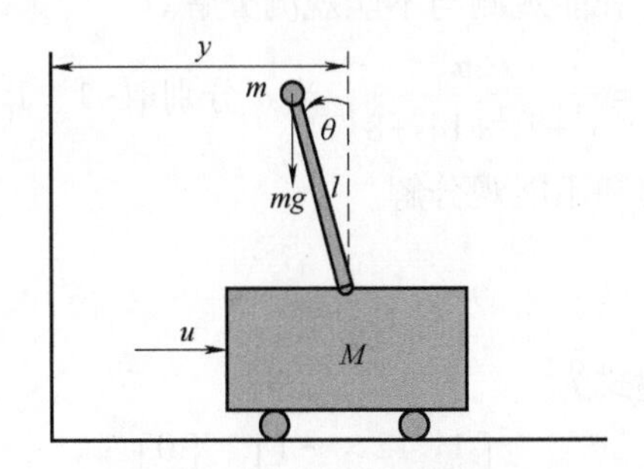

图 4-36　小车-倒立摆系统

设该系统的动态特性可以用小车的位移 y 和速度及摆杆偏离垂线的角度 θ 和角速度 $\dot{\theta}$ 来描述。选择状态变量 $x_1=y$，$x_2=\dot{y}$，$x_3=\theta$，$x_4=\dot{\theta}$，可得系统的状态空间模型：

$$\begin{bmatrix}\dot{x}_1\\ \dot{x}_2\\ \dot{x}_3\\ \dot{x}_4\end{bmatrix}=\begin{bmatrix}0 & 1 & 0 & 0\\ 0 & 0 & -mg/M & 0\\ 0 & 0 & 0 & 1\\ 0 & 0 & (M+m)g/Ml & 0\end{bmatrix}\begin{bmatrix}x_1\\ x_2\\ x_3\\ x_4\end{bmatrix}+\begin{bmatrix}0\\ 1/M\\ 0\\ -1/Ml\end{bmatrix}u$$

$$y=[1\quad 0\quad 0\quad 0]\begin{bmatrix}x_1\\ x_2\\ x_3\\ x_4\end{bmatrix}$$

如果系统的参数为 $M=1\text{kg}$，$m=0.1\text{kg}$，$l=1\text{m}$，$g=9.81\text{m/s}^2$，相应的状态空间模型矩阵为

$$\boldsymbol{A}=\begin{bmatrix}0 & 1 & 0 & 0\\ 0 & 0 & -1 & 0\\ 0 & 0 & 0 & 1\\ 0 & 0 & 11 & 0\end{bmatrix},\boldsymbol{B}=\begin{bmatrix}0\\ 1\\ 0\\ -1\end{bmatrix},\boldsymbol{C}=[1\quad 0\quad 0\quad 0]$$

试判断该系统的能控性和能观性。

2）某系统的状态空间模型为

$$\dot{\boldsymbol{x}}=\begin{bmatrix}a & 0\\ 1 & b\end{bmatrix}\boldsymbol{x}+\begin{bmatrix}b\\ 1\end{bmatrix}\boldsymbol{u}$$

$$\boldsymbol{y}=[0\quad 1]\boldsymbol{x}$$

系统是可控并且可观测的，试求 a、b 之间的关系。

（2）系统结构分解

1）已知系统的状态空间表达式为

$$\dot{\boldsymbol{x}}=\begin{bmatrix}1 & 2 & -1\\ 0 & 1 & 0\\ 0 & -4 & 3\end{bmatrix}\boldsymbol{x}+\begin{bmatrix}0\\ 1\\ 1\end{bmatrix}\boldsymbol{u}$$

$$\boldsymbol{y}=[1\quad -1\quad 1]\boldsymbol{x}$$

对系统进行能控与不能控分解和能观测与不能观测分解。

2）设系统传递函数 $G(s)=\dfrac{s+a}{s^3+7s^2+14s+8}$，当 a 分别取−1、1、2 时，判别系统的能控性和能观测性，并进行不能控分解和不能观分解。

（3）标准型转换

已知系统的状态空间表达式为

$$\dot{\boldsymbol{x}}=\begin{bmatrix}1 & 2 & -1\\ 0 & 2 & 1\\ 1 & -3 & 2\end{bmatrix}\boldsymbol{x}+\begin{bmatrix}0\\ 1\\ 1\end{bmatrix}\boldsymbol{u}$$

$$\boldsymbol{y}=[1\quad 0\quad 1]\boldsymbol{x}$$

判别系统的能控性和能观测性；用 MATLAB 函数将系统转换为对角线标准型或约旦标准型；

利用线性变换，分别将其变换成能控标准型和能观标准型。

3. 实验要求

（1）完成所有实验内容

（2）撰写实验报告

实验报告包括如下内容：

1）实验题目和目的。

2）实验原理。

3）实验要求完成的程序代码、结论和运行结果。

4）实验体会。

4.3.3 实验三 状态空间系统的时域、频域和稳定性分析

1. 实验目的

（1）掌握状态空间系统的时域分析方法

（2）掌握状态空间系统的频域分析方法

（3）掌握系统稳定性的定义及李雅普诺夫稳定性定理

2. 实验内容

（1）状态空间系统的时域分析

控制系统用状态空间模型进行描述时，可以将状态空间模型转换成传递函数模型进行时域分析，也可以直接利用MATLAB中的时域分析函数进行分析。如表4-12所示，这些函数有单位阶跃响应step函数、单位脉冲响应impulse函数、单位零输入响应initial函数、任意输入响应lsim函数等。

表4-12 MATLAB中的时域分析函数

命令	说明
[y,x,t]=step(A,B,C,D,iu,t)	y和x分别为在每一个t时刻单位阶跃响应的输出值和状态值，iu表示第i个输入，进而应用plot绘制相应的曲线
step(A,B,C,D,iu,t) step(A,B,C,D)	直接绘制系统的单位阶跃响应
[y,x,t]=impulse(A,B,C,D,iu,t)	y和x分别为在每一个t时刻单位脉冲响应的输出值和状态值，iu表示第i个输入，进而应用plot绘制相应的曲线
impulse (A,B,C,D,iu,t) impulse (A,B,C,D)	直接绘制系统的单位脉冲响应
[y,x,t]=initial(A,B,C,D,x0)	y和x分别为在每一个t时刻单位零输入响应的输出值和状态值，x0表示初始状态，进而应用plot绘制相应的曲线
[y,x,t]=lsim(A,B,C,D,iu,u)	y和x分别为在每一个t时刻任意输入响应的输出值和状态值，iu表示第i个输入，进而应用plot绘制相应的曲线
lsim(A,B,C,D,u,t) lsim(A,B,C,D,u,t,x0)	直接绘制系统的任意输入响应

1）系统的状态空间表达式为

$$\dot{\boldsymbol{x}}=\begin{bmatrix}0 & 1\\ -1 & -3\end{bmatrix}\boldsymbol{x}+\begin{bmatrix}0\\ 1\end{bmatrix}\boldsymbol{u}$$

$$\boldsymbol{y}=[1\quad 0]\boldsymbol{x}$$

试求系统的单位阶跃响应。

2）系统的状态空间表达式为

$$\dot{\boldsymbol{x}}=\begin{bmatrix}0 & 1\\ -1 & -3\end{bmatrix}\boldsymbol{x}+\begin{bmatrix}0\\ 1\end{bmatrix}\boldsymbol{u}$$

$$\boldsymbol{y}=[1\quad 0]\boldsymbol{x}$$

试求系统在初始状态 $\boldsymbol{x}_0=[0\quad 0.5]$ 作用下的响应曲线。

3）系统的状态空间表达式为

$$\dot{\boldsymbol{x}}=\begin{bmatrix}0 & 1\\ -1 & -3\end{bmatrix}\boldsymbol{x}+\begin{bmatrix}0\\ 1\end{bmatrix}\boldsymbol{u}$$

$$\boldsymbol{y}=[1\quad 0]\boldsymbol{x}$$

初始状态为 $\boldsymbol{x}_0=[0\quad 0.5]$，输入为单位阶跃信号，试求系统的状态响应和输出响应。

（2）状态空间系统的频域分析

控制系统用状态空间模型进行描述时，可以直接利用 MATLAB 中的频域分析函数进行分析。如表 4-13 所示，这些函数有伯德图 bode( )、奈奎斯特图 nyquist( )、稳定裕度 margin( ) 等。

表 4-13 MATLAB 中的频域分析函数

命令	说明
freqresp(A,B,C,D,iu,sqrt(-1) * w)	求取某频率向量 w 范围的响应数据
bode(A,B,C,D) bode(A,B,C,D,iu,w)	绘制系统∑(A,B,C,D) 在频率向量范围的伯德图
[mag,phase,w]=bode(A,B,C,D)	mag 和 phase 分别为每一频率向量所对应的幅值和相位，进而应用 semilogx 绘制相应的曲线
nyquist(A,B,C,D) nyquist(A,B,C,D,iu,w)	绘制系统∑(A,B,C,D) 的奈奎斯特图
[Re,Im,w]=nyquist(A,B,C,D)	Re 和 Im 分别为频率特性的实部和虚部，进而应用 plot 绘制相应的曲线
margin(A,B,C,D)	绘制带裕度及相应频率显示的伯德图
[Gm,Pm,Wcg,Wcp]=margin(A,B,C,D)	Gm 和 Pm 分别为系统的幅值裕度和相角裕度；Wcg 和 Wcp 分别为幅值裕度和相角裕度相应的频率值

1）系统的状态空间表达式为

$$\dot{\boldsymbol{x}}=\begin{bmatrix}-3 & -2 & 0\\ 1 & 0 & 0\\ 0 & 1 & 0\end{bmatrix}\boldsymbol{x}+\begin{bmatrix}1\\ 0\\ 0\end{bmatrix}\boldsymbol{u}$$

$$\boldsymbol{y}=[0\quad 0\quad 1]\boldsymbol{x}$$

绘制系统的伯德图和奈奎斯特图。

2）系统的状态空间表达式为

$$\dot{\boldsymbol{x}}=\begin{bmatrix}-3 & -2 & 0\\ 1 & 0 & 0\\ 0 & 1 & 0\end{bmatrix}\boldsymbol{x}+\begin{bmatrix}1\\0\\0\end{bmatrix}\boldsymbol{u}$$

$$\boldsymbol{y}=[0\quad 0\quad 1]\boldsymbol{x}$$

求 $\omega=1$ 时，频率特性的模、相角、实部和虚部。

3）系统的状态空间表达式为

$$\dot{\boldsymbol{x}}=\begin{bmatrix}-1 & -1 & -0.5\\ 1 & 0 & 0\\ 0 & 1 & 0\end{bmatrix}\boldsymbol{x}+\begin{bmatrix}1\\0\\0\end{bmatrix}\boldsymbol{u}$$

$$\boldsymbol{y}=[0\quad 0\quad 0.5]\boldsymbol{x}$$

绘制系统的奈奎斯特图，并求系统的幅值裕度和相角裕度，说明系统是否稳定。

（3）状态空间系统的稳定性分析

对于线性定常系统的稳定性分析有多种方法，如根轨迹方法、时域响应方法、劳斯稳定判据、奈奎斯特稳定判据、李雅普诺夫方法等。

1）已知系统的状态空间模型为

$$\dot{\boldsymbol{x}}=\begin{bmatrix}-21 & -120 & -200\\ 1 & 0 & 0\\ 0 & 1 & 0\end{bmatrix}\boldsymbol{x}+\begin{bmatrix}1\\0\\0\end{bmatrix}\boldsymbol{u}$$

$$\boldsymbol{y}=[0\quad 100\quad 200]\boldsymbol{x}$$

试用李雅普诺夫方法判断系统的稳定性，并求其特征值和单位脉冲响应进行验证。

2）已知某控制系统（见图 4-37），试确定增益 K 的取值范围，使得系统渐进稳定。

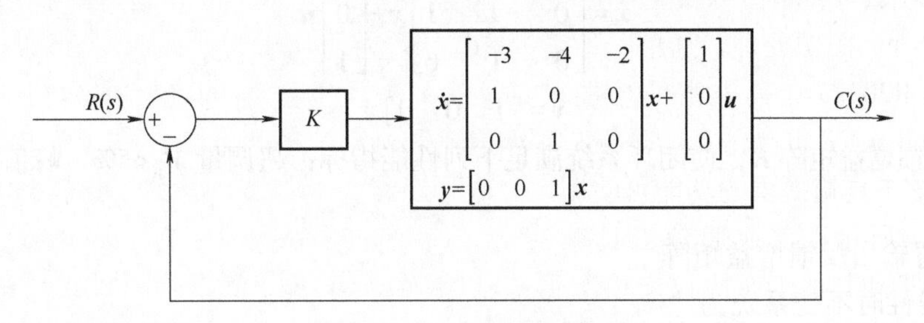

图 4-37　某控制系统框图

3. 实验要求

（1）完成所有实验内容

（2）撰写实验报告

实验报告包括如下内容：

1）实验题目和目的。

2）实验原理。

3）实验要求完成的程序代码、结果图、结论和运行结果。

4）实验体会。

4.3.4 实验四 状态空间的极点配置

1. 实验目的

（1）掌握极点配置的条件和算法，利用 MATLAB 求取状态反馈增益矩阵

（2）了解配置输出反馈增益矩阵的条件及算法

2. 实验内容

（1）配置状态反馈增益矩阵

1）单输入线性时不变系统为

$$\dot{\boldsymbol{x}}=\begin{bmatrix}0 & 0 & 0\\ 1 & -6 & 0\\ 0 & 1 & -12\end{bmatrix}\boldsymbol{x}+\begin{bmatrix}1\\ 0\\ 0\end{bmatrix}\boldsymbol{u}$$

$$\boldsymbol{y}=\begin{bmatrix}0 & 1 & 2\end{bmatrix}\boldsymbol{x}$$

判断系统是否可控。若可控，试确定状态反馈增益矩阵 $\boldsymbol{K}$，将系统的闭环极点配置到 $\lambda_{1,2}=-1\pm i1$ 和 $\lambda_3=-2$，绘制配置前后的系统单位阶跃响应曲线。

2）多输入线性时不变系统为

$$\dot{\boldsymbol{x}}=\begin{bmatrix}0 & 0 & 4\\ 1 & 0 & -2\\ 0 & 1 & 10\end{bmatrix}\boldsymbol{x}+\begin{bmatrix}3 & 0\\ 1 & 2\\ 0 & 1\end{bmatrix}\boldsymbol{u}$$

$$\boldsymbol{y}=\begin{bmatrix}1 & 0 & 0\end{bmatrix}\boldsymbol{x}$$

试确定状态反馈增益矩阵 $\boldsymbol{K}$，将系统的闭环极点配置到 $\lambda_{1,2}=-7\pm i7$ 和 $\lambda_3=-100$，绘制配置前后的系统单位阶跃响应曲线。

3）已知系统的状态空间模型为

$$\dot{\boldsymbol{x}}=\begin{bmatrix}0 & 1 & 0\\ 0 & -12 & 1\\ 0 & 1 & 6\end{bmatrix}\boldsymbol{x}+\begin{bmatrix}0\\ 0\\ 1\end{bmatrix}\boldsymbol{u}$$

$$\boldsymbol{y}=\begin{bmatrix}1 & 0 & 0\end{bmatrix}\boldsymbol{x}$$

试确定状态反馈增益矩阵 $\boldsymbol{K}$，使闭环系统满足下列性能指标：超调量 $M_p<5\%$，峰值时间 $t_p<0.5\text{s}$，静态误差为零。

（2）配置输出反馈增益矩阵

多输入线性时不变系统为

$$\dot{\boldsymbol{x}}=\begin{bmatrix}0 & 0 & 4\\ 1 & 0 & -2\\ 0 & 1 & 10\end{bmatrix}\boldsymbol{x}+\begin{bmatrix}3 & 0\\ 1 & 2\\ 0 & 1\end{bmatrix}\boldsymbol{u}$$

$$\boldsymbol{y}=\begin{bmatrix}1 & 0 & 0\end{bmatrix}\boldsymbol{x}$$

试确定输出反馈增益矩阵 $\boldsymbol{H}$，将系统的闭环极点配置到 $\lambda_{1,2}=-7\pm i7$ 和 $\lambda_3=-100$，绘制配置前后的系统单位阶跃响应曲线。

3. 实验要求

（1）完成所有实验内容

（2）撰写实验报告

实验报告包括如下内容：

1）实验题目和目的。

2）实验原理。

3）实验要求完成的程序代码、结果图、结论和运行结果。

4）实验体会。

4.3.5　实验五　状态观测器的设计

1. 实验目的

（1）理解基于观测器的状态反馈系统的原理及结构，理解对偶原理

（2）掌握配置全维状态观测器和降维状态观测器的方法和步骤

2. 实验内容

（1）全维状态观测器设计

1）已知系统的状态空间模型为

$$\dot{\boldsymbol{x}}=\begin{bmatrix}0&1\\0&0\end{bmatrix}\boldsymbol{x}+\begin{bmatrix}0\\1\end{bmatrix}\boldsymbol{u}$$

$$\boldsymbol{y}=[1\quad 0]\boldsymbol{x}$$

试设计一个状态观测器，使观测器的极点为-5 和-10；写出闭环状态观测器的状态模型。

2）已知系统的状态空间模型为

$$\dot{\boldsymbol{x}}=\begin{bmatrix}0&1&0\\0&0&1\\-4&-3&-2\end{bmatrix}\boldsymbol{x}+\begin{bmatrix}1\\3\\-6\end{bmatrix}\boldsymbol{u}$$

$$\boldsymbol{y}=[1\quad 0\quad 0]\boldsymbol{x}$$

试设计一个状态观测器，使观测器的特征值为-1、-2、-3；写出闭环状态观测器的状态模型，绘制闭环状态观测器的单位阶跃响应。

（2）降维状态观测器设计

已知系统的状态空间模型矩阵为

$$\dot{\boldsymbol{x}}=\begin{bmatrix}1&2&0\\3&-1&1\\0&2&0\end{bmatrix}\boldsymbol{x}+\begin{bmatrix}0\\0\\1\end{bmatrix}\boldsymbol{u}$$

$$\boldsymbol{y}=[-1\quad 1\quad 1]\boldsymbol{x}$$

试设计一个降维状态观测器，使观测器的所有极点配置在-4；写出闭环状态观测器的状态模型。

3. 实验要求

（1）完成所有实验内容

（2）撰写实验报告

实验报告包括如下内容：

1）实验题目和目的。

2）实验原理。

3）实验要求完成的程序代码、结果图、结论和运行结果。

4）实验体会。

4.3.6 实验六 线性二次型最优控制器的设计

1. 实验目的

（1）理解最优控制原理，会应用 MATLAB 求解状态反馈的线性二次型最优控制

（2）了解状态变量加权矩阵 $\boldsymbol{Q}$ 和控制变量加权矩阵 $\boldsymbol{R}$ 对最优解的影响

2. 实验内容

（1）线性二次型最优控制

1）已知系统的状态空间模型为

$$\dot{\boldsymbol{x}}=\begin{bmatrix}0&1&0\\0&0&1\\0&-2&-3\end{bmatrix}\boldsymbol{x}+\begin{bmatrix}0\\0\\1\end{bmatrix}\boldsymbol{u}$$

$$\boldsymbol{y}=[1\quad 0\quad 0]\boldsymbol{x}$$

试求使得系统的性能指标 $J=\frac{1}{2}\int_0^{\infty}(\boldsymbol{x}^{\mathrm{T}}\boldsymbol{Q}\boldsymbol{x}+\boldsymbol{u}^{\mathrm{T}}\boldsymbol{R}\boldsymbol{u})\mathrm{d}t$ 为最小的最优控制 $\boldsymbol{u}=-\boldsymbol{K}\boldsymbol{x}$ 的反馈增益矩阵 $\boldsymbol{K}$。其中，$\boldsymbol{Q}=\begin{bmatrix}1&0&0\\0&1&0\\0&0&1\end{bmatrix}$，$\boldsymbol{R}=1$。

2）已知系统的状态空间模型为

$$\dot{\boldsymbol{x}}=\begin{bmatrix}0&1&0\\0&0&1\\-1&-4&-6\end{bmatrix}\boldsymbol{x}+\begin{bmatrix}0\\0\\1\end{bmatrix}\boldsymbol{u}$$

$$\boldsymbol{y}=[1\quad 0\quad 0]\boldsymbol{x}$$

采用状态反馈，系统的性能指标 $J=\frac{1}{2}\int_0^{\infty}(\boldsymbol{x}^{\mathrm{T}}\boldsymbol{Q}\boldsymbol{x}+\boldsymbol{u}^{\mathrm{T}}\boldsymbol{R}\boldsymbol{u})\mathrm{d}t$。其中，$\boldsymbol{Q}=\begin{bmatrix}1&0&0\\0&1&0\\0&0&1\end{bmatrix}$，$\boldsymbol{R}=1$。

采用输出反馈，系统的性能指标 $J=\frac{1}{2}\int_0^{\infty}(\boldsymbol{y}^{\mathrm{T}}\boldsymbol{Q}\boldsymbol{y}+\boldsymbol{u}^{\mathrm{T}}\boldsymbol{R}\boldsymbol{u})\mathrm{d}t$。其中，$\boldsymbol{Q}=1$，$\boldsymbol{R}=1$。

试分别设计最优控制器，计算最优状态反馈矩阵 $\boldsymbol{K}=[k_1\quad k_2\quad k_3]$，绘制闭环系统的单位阶跃响应曲线，并对仿真结果进行对比。

（2）加权矩阵 $\boldsymbol{Q}$ 和 $\boldsymbol{R}$ 对最优解的影响

1）已知系统的状态空间模型为

$$\dot{\boldsymbol{x}}=\begin{bmatrix}0&1&0\\0&0&1\\0&-2&-3\end{bmatrix}\boldsymbol{x}+\begin{bmatrix}0\\0\\1\end{bmatrix}\boldsymbol{u}$$

$$\boldsymbol{y}=[1\quad 0\quad 0]\boldsymbol{x}$$

试求使得系统的性能指标 $J=\frac{1}{2}\int_0^{\infty}(\boldsymbol{x}^{\mathrm{T}}\boldsymbol{Q}\boldsymbol{x}+\boldsymbol{u}^{\mathrm{T}}\boldsymbol{R}\boldsymbol{u})\mathrm{d}t$ 为最小的最优控制 $\boldsymbol{u}=-\boldsymbol{K}\boldsymbol{x}$ 的反馈增益矩阵 $\boldsymbol{K}$。其中，$\boldsymbol{Q}=\begin{bmatrix}q_{11}&0&0\\0&1&0\\0&0&1\end{bmatrix}$，$\boldsymbol{R}=0.01$。

2）q_{11}取不同值，分别求反馈增益矩阵 $\boldsymbol{K}$，绘制闭环系统的单位阶跃响应曲线，填写表 4-14，并说明 q_{11}对系统稳定性的影响。

表 4-14　$\boldsymbol{Q}$ 对系统稳定性的影响

$\boldsymbol{Q}$	反馈增益矩阵 $\boldsymbol{K}$	闭环系统极点

3）当 $\boldsymbol{Q}=\begin{bmatrix}50 & 0 & 0\\0 & 1 & 0\\0 & 0 & 1\end{bmatrix}$，$\boldsymbol{R}$ 取不同值时，分别求反馈增益矩阵 $\boldsymbol{K}$，绘制闭环系统的单位阶跃响应曲线，填写表 4-15，并说明 $\boldsymbol{R}$ 对系统稳定性的影响。

表 4-15　$\boldsymbol{R}$ 对系统稳定性的影响

$\boldsymbol{R}$	反馈增益矩阵 $\boldsymbol{K}$	闭环系统极点

3. 实验要求

（1）完成所有实验内容

（2）撰写实验报告

实验报告包括如下内容：

1）实验题目和目的。

2）实验原理。

3）实验要求完成的程序代码、表格、结论和运行结果。

4）实验体会。

第 5 章

MATLAB 虚拟实验案例

5.1 倒立摆控制虚拟实验案例

控制系统设计时，往往需要验证算法是不是真的能满足控制需求，包括响应速度和稳定性等。一种有效的方法是用设计的控制器直接控制被控实物。但这需要对控制算法进行实现，并且需要结合被控实物搭建控制闭环进行验证。但是，有时候并不具备这种条件，特别是对一些具有破坏性的场景或抽象的理论性研究。Simulink 的仿真和被控对象建模能力可以弥补这一不足。除了能在 Simulink 环境创建控制算法，Simulink SimScape 及相关的物理建模工具箱可以用于被控对象的建模。将控制器和被控对象结合起来构成整个控制系统，就可以自动调节并验证控制效果，这种方式称为虚拟实验。本章用 MATLAB 自带的一个案例阐述虚拟实验的思想。

5.1.1 小车倒立摆系统模型及设计要求

考虑小车的单级倒立摆控制系统（见图 5-1），通过控制施加在小车上的力 F 来移动小车，确保因扰动或小车移动导致倒立摆偏离竖直位置。

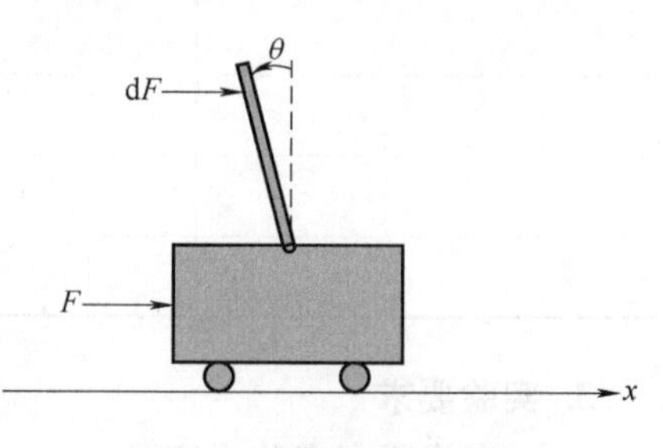

图 5-1　小车倒立摆系统

倒立摆的竖直位置是个不稳定的平衡状态，用 MATLAB 绘制其控制系统框图，如图 5-2 所示，采用双闭环控制系统来达到控制目的。内环采用二阶状态空间控制器控制倒立摆的竖直位置（角度控制），而外环采用 PD 控制器控制小车的位置。

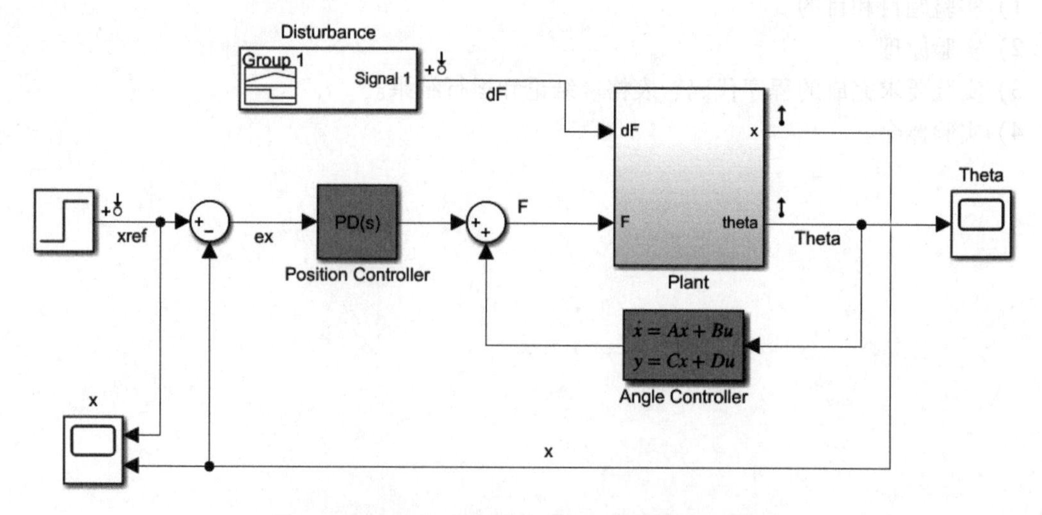

图 5-2　MATLAB 绘制的小车倒立摆系统控制框图

1. 系统结构

输入命令，打开 MATLAB 自带的系统模型 rct_ pendulum. slx 文件。

```
open_system('rct_pendulum.slx')
```

图 5-2 中，Plant 是小车倒立摆系统的封装模型，打开后的 Simscape 模型如图 5-3 所示。

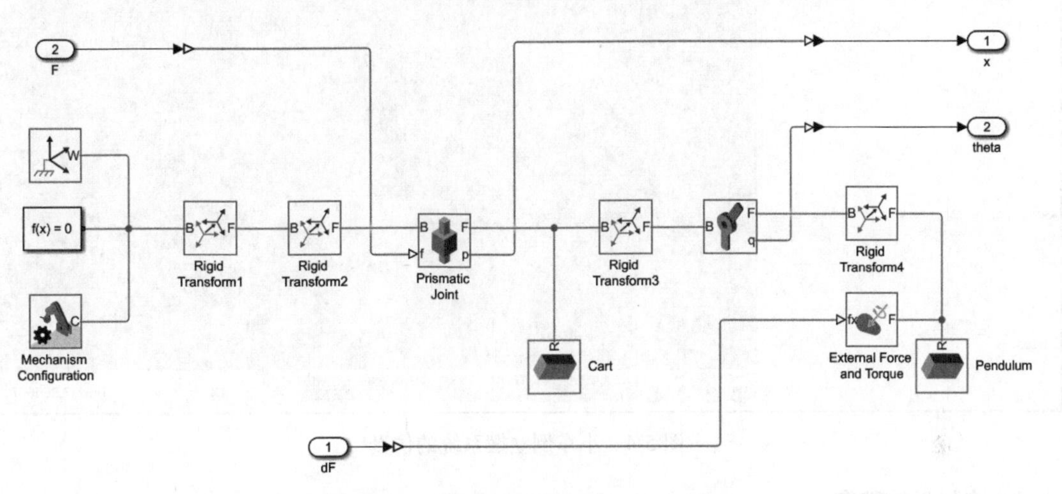

图 5-3 小车倒立摆系统的 Simscape 模型

2. 设计要求

控制仿真中使用 TuningGoal 描述闭环系统的设计需求，设计要求如下：

1）定义 3s 内跟踪小车给定参考位置 x 的变化。

2）考虑抑制扰动脉冲对倒立摆的影响，使用 LQR 惩罚函数指定最小偏离角度 Theta 和限制 F。

3）对于鲁棒性的需求，在被控对象的输入需要最少 6dB 的幅值裕量和 40°的相角裕量。

4）防止出现欠阻尼或瞬态变化，限制闭环极点的阻尼和固有频率。

相应程序为

```
req1=TuningGoal.Tracking('xref','x',3);          % 定义 3 秒内跟踪小车位置
Qxu=diag([16 1 0.01]);
req2=TuningGoal.LQG('dF',{'Theta','x','F'},1,Qxu);
                                                 % 对干扰 dF 的抑制
req3=TuningGoal.Margins('F',6,40);               % 定义稳定裕量
MinDamping=0.5;
MaxFrequency=45;
req4=TuningGoal.Poles(0,MinDamping,MaxFrequency);
                                                 % 极点位置
```

5.1.2 MATLAB 仿真分析

1. 控制系统仿真

对于初始的 PD 和状态空间控制器参数，仿真如图 5-4 所示，闭环系统是不稳定的。

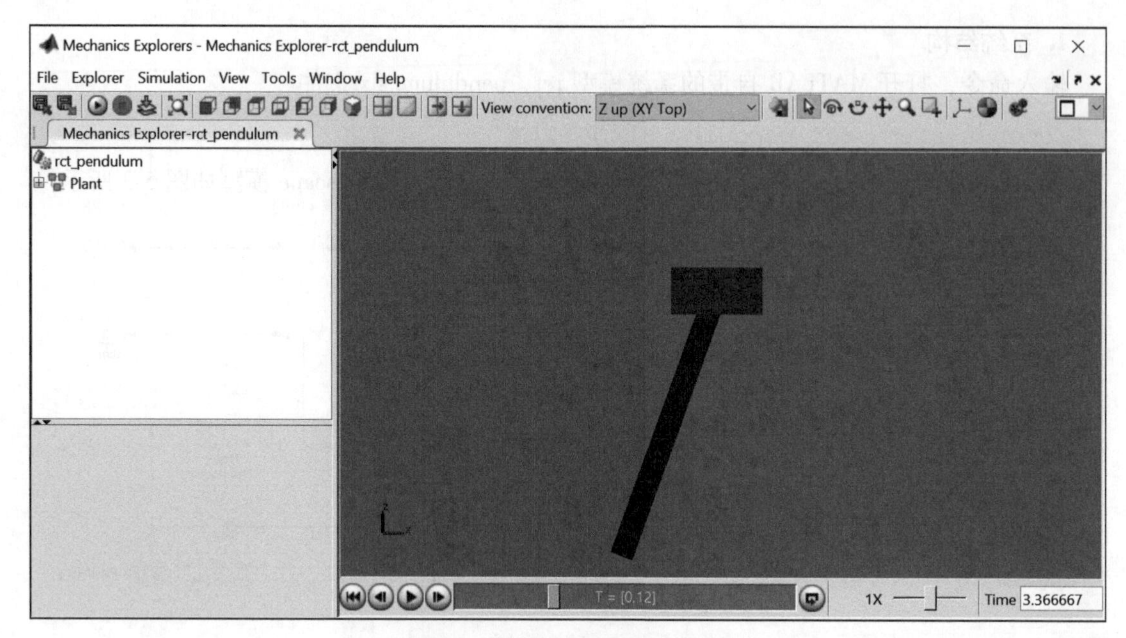

图 5-4 小车倒立摆系统的仿真

2. 控制系统整定

使用 systune 命令来同时调节 Position Controller 和 Angle Controller 控制器。slTuner 命令用来指定系统中要调节的模块并且将被控对象的输入 F 作为分析和阈值测量点。systune 命令调节 PD 和状态控制器参数，使得满足上述所描述的控制需求，优化跟踪和满足扰动抑制性能及倒立摆的位置。

相应程序为

```
ST0=slTuner('rct_pendulum',{'Position Controller','Angle Controller'});
                          % 为图 5-2 所示的两个控制器创建 slTuner 接口
addPoint(ST0,'F');        % 为图 5-2 所示的输入 F 添加干扰
rng(0)                    % 生成随机数
Options=systuneOptions('RandomStart',5);
                          % 设置整定参数
[ST, fSoft]=systune(ST0,[req1,req2],[req3,req4],Options);
                          % 整定

Final:Soft=1.36,Hard=0.99983,Iterations=244
Final:Soft=1.44,Hard=0.99921,Iterations=138
Final:Soft=1.44,Hard=0.99955,Iterations=311
Final:Soft=1.26,Hard=0.99808,Iterations=270
Final:Soft=1.44,Hard=0.99998,Iterations=266
Final:Soft=1.27,Hard=0.99673,Iterations=236
```

最后，设计达到软需求（跟踪和抑制干扰）接近 1 而硬需求（极点位置和稳定裕量）小于 1，意味着调节的控制系统基本满足了控制需求。

3. 验证

使用 viewGoal 命令进一步验证需求满足的程度，获得图 5-5～图 5-7 所示结果。从图中可以确认所有需求满足要求。

相应程序为

```
figure('Position',[100 100 575 660])
viewGoal([req1],ST)                              % 显示小车位置误差曲线
viewGoal([req3],ST)                              % 显示幅值裕量和相角裕量
viewGoal([req4],ST)                              % 显示小车位置的调节曲线
```

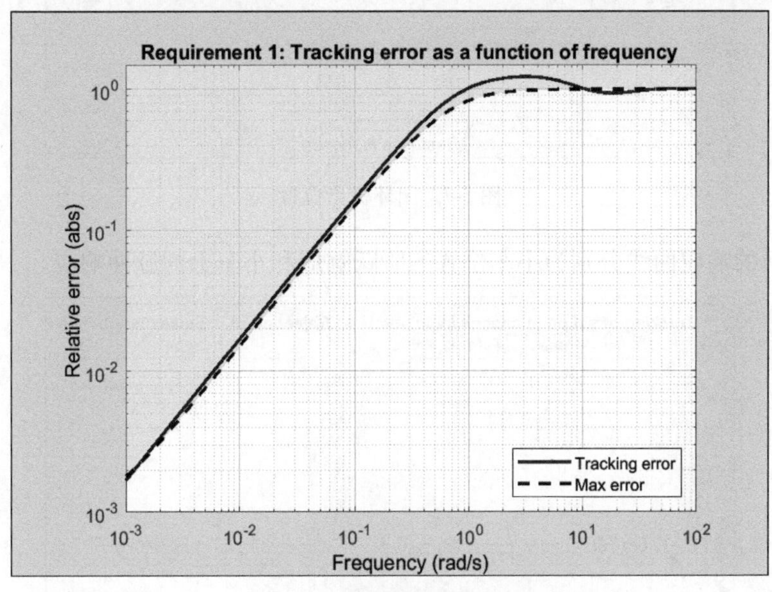

图 5-5　小车位置误差曲线

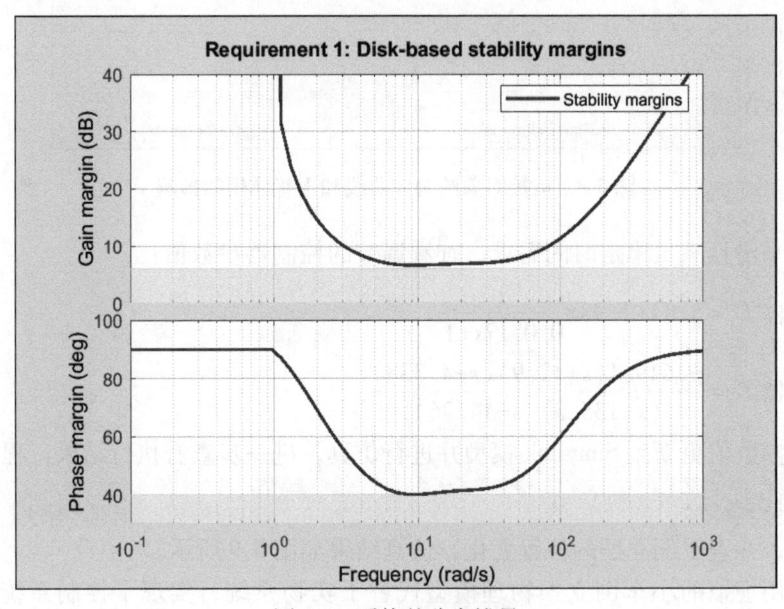

图 5-6　系统的稳定裕量

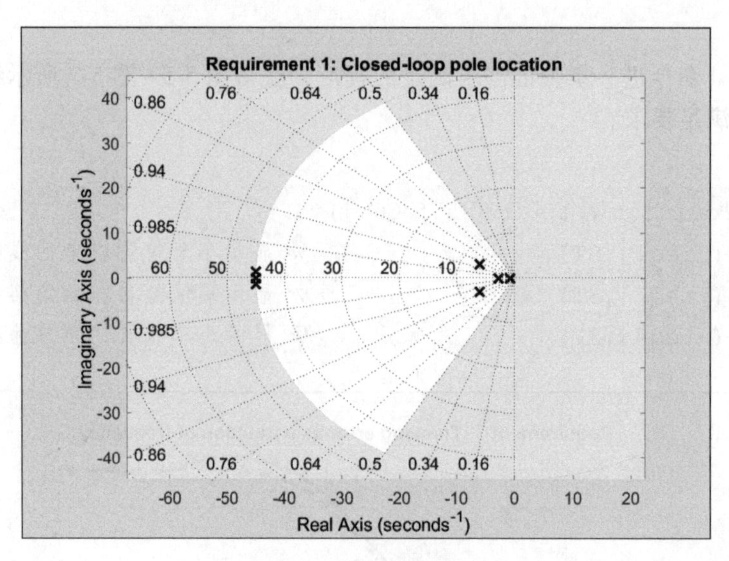

图 5-7 闭环极点位置

图 5-8 所示的响应曲线分别为小车位置的阶跃响应和小车上的脉冲响应。

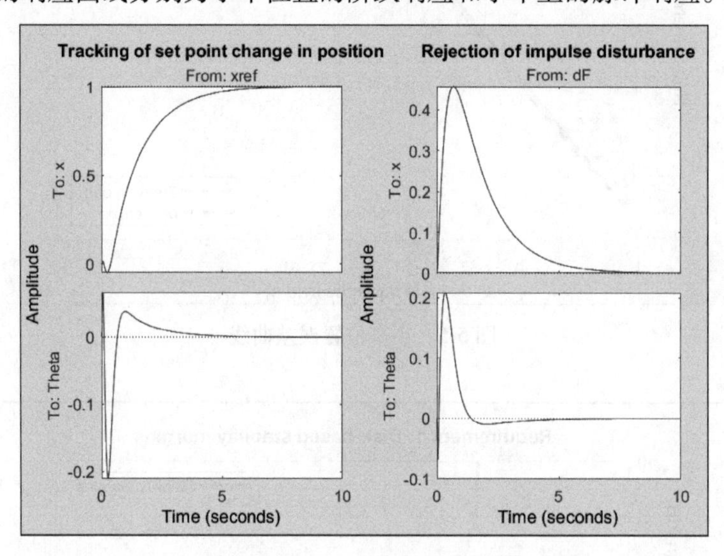

图 5-8 被控对象的响应曲线和干扰作用的影响

响应曲线平滑且满足稳定时间需求，查看调节的控制器参数值：

位置控制器 $C_1=5.94+1.98\times\dfrac{s}{0.0517s+1}$

角度控制器 $C_2=\dfrac{-1619.1(s+12.9)(s+4.338)}{(s+135.3)(s-14.36)}$

将调节的参数值更新到 Simulink 模型并进行仿真，进一步查看执行结果，程序为

```
writeBlockValue(ST)
```

运行模型，并查看倒立摆的位置变化，仿真结果如图 5-9 所示。

本案例使用虚拟的小车倒立摆物理模型代替了实物系统，实现了控制系统的控制实验。这一方面很直观地展示了控制效果，另一方面减少了实验器材的投入。无论是理论研究还是

工程实践，虚拟实验和虚拟仿真都有很重要的意义。

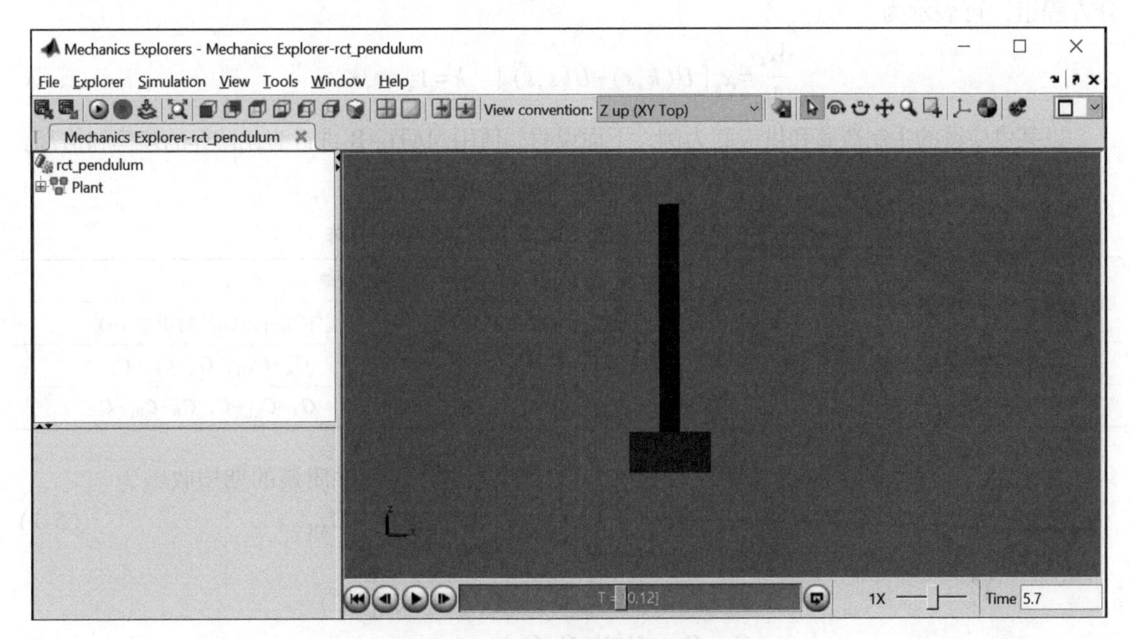

图 5-9　小车倒立摆系统的仿真结果

5.2　最优控制与演化博弈虚拟仿真实验案例

5.2.1　演化博弈模型的构建

演化博弈，是传统博弈理论与动态演化分析相结合的一种新理论。与传统博弈理论不同，演化博弈不要求参与博弈的双方完全理性，也不需要获取的信息是完全信息。演化博弈强调的是动态均衡，它通过分析博弈双方可能的收益，对博弈双方在不同策略下的收益趋势进行分析，从而得到博弈双方在不同情况下的演化稳定策略。

博弈的支付矩阵、博弈参与主体及参与主体之间的交互规则，是决定演化稳定策略的核心要素。支付矩阵，可以是对称的也可以是非对称的；参与博弈的个体，可以来自同一个主体，也可以来自不同的两个或多个主体；参与者的空间分布及策略选择规则、学习规则等属性，既可以相同，也可以不同。根据这些不同的要素特征，可将演化博弈分为单同质群体演化博弈、单异质群体演化博弈、双同质群体演化博弈与双异质演化博弈。

演化博弈理论的两个核心概念是“演化稳定策略”（evolutionary stable strategy，ESS）和“复制动态”（replicator dynamics）。ESS 表示如果群体中绝大多数个体选择该策略，那么选择变异策略的较小群体就不可能侵入这个群体。其定义为，当且仅当一个策略 s 满足如下条件时，该策略为一个 ESS：

$$U(k,s),U(s,s)\quad \forall k$$

$$U(k,s)=U(s,s)\Rightarrow U(k,k)<U(s,k)\quad \forall k\neq s$$

复制动态强调了选择的作用：根据演化原理，群体中个体的决策是通过个体之间的学习、模仿、异等动态过程实现的，在群体动态调整过程中，群体中的个体会选择在上一期博弈中

获得较高支付的决策。在标准研究框架中，复制动态被正式化为不包含任何变异机制的常微分方程组，可表示为

$$\frac{\mathrm{d}x_k}{\mathrm{d}t}=x_k[U(k,s)-U(s,s)] \quad k=1,\cdots,K$$

以某供应链的主制造商和供应商为例，下面说明如何用 MATLAB 进行演化博弈的建模和仿真。建立博弈双方供应商 A 和供应商 B 间的支付矩阵，见表 5-1。

表 5-1　供应商 A 和供应商 B 间博弈的支付矩阵

供应商 A 的策略	供应商 B 的策略	
	提升零部件的质量 Y	不提升零部件的质量 $1-Y$
提升零部件的质量 X	G_A-C_{AH}，G_B-C_{BH}	G_A-C_{AH}，$G_B-C_{BL}-C_B$
不提升零部件的质量 $1-X$	$G_A-C_{AL}-C_A$，G_B-C_{BH}	$G_A-C_{AL}-C$，$G_B-C_{BL}-C$

基于表 5-1 所示的供应商 A 的支付矩阵，供应商 A 提升零部件质量的期望收益为

$$U_X=Y(G_A-C_{AH})+(1-Y)(G_A-C_{AH})=G_A-C_{AH} \tag{5-1}$$

供应商 A 不提升零部件质量的期望收益为

$$\begin{aligned}U_{1-X}&=Y(G_A-C_{AL}-C_A)+(1-Y)(G_A-C_{AL}-C)\\&=G_A-C_{AL}-C+Y(C-C_A)\end{aligned} \tag{5-2}$$

供应商 A 的平均期望收益为

$$\begin{aligned}U_{X,1-X}&=XU_X+(1-X)U_{1-X}\\&=X(G_A-C_{AH})+(1-X)[G_A-C_{AL}-C+Y(C-C_A)]\\&=G_A-C_{AL}-C+Y(C-C_A)+X[(G_{AL}-G_{AH}+C)-Y(C-C_A)]\end{aligned} \tag{5-3}$$

供应商 B 提升零部件质量的期望收益为

$$U_Y=X(G_B-C_{BH})+(1-X)(G_B-C_{BH})=G_B-C_{BH} \tag{5-4}$$

供应商 B 不提升零部件质量的期望收益为

$$\begin{aligned}U_{1-Y}&=X(G_B-C_{BL}-C_B)+(1-X)(G_B-C_{BL}-C)\\&=G_B-C_{BL}-C+X(C-C_B)\end{aligned} \tag{5-5}$$

供应商 B 的平均期望收益为

$$\begin{aligned}U_{Y,1-Y}&=YU_Y+(1-Y)U_{1-Y}\\&=Y(G_B-C_{BH})+(1-Y)[G_B-C_{BL}-C+X(C-C_B)]\\&=G_B-C_{BL}-C+X(C-C_B)+Y[(G_{BL}-G_{BH}+C)-X(C-C_B)]\end{aligned} \tag{5-6}$$

供应商 A 的复制动态方程为

$$\begin{aligned}f(X)&=\frac{\mathrm{d}X}{\mathrm{d}t}=X(U_X-U_{X,1-X})\\&=X(1-X)(U_X-U_{1-X})\\&=X(1-X)[C_{AL}-C_{AH}+C-Y(C-C_A)]\end{aligned} \tag{5-7}$$

供应商 B 的复制动态方程为

$$\begin{aligned}f(Y)&=\frac{\mathrm{d}Y}{\mathrm{d}t}=Y(U_Y-U_{Y,1-Y})\\&=Y(1-Y)(U_Y-U_{1-Y})\\&=Y(1-Y)[C_{BL}-C_{BH}+C-X(C-C_B)]\end{aligned} \tag{5-8}$$

令$\frac{\mathrm{d}\boldsymbol{X}}{\mathrm{d}t}=0$、$\frac{\mathrm{d}\boldsymbol{Y}}{\mathrm{d}t}=0$，得动态系统的五个局部均衡点：

$$(0,\ 0),(0,\ 1),(1,\ 0),(1,\ 1),(x_0,y_0)=\left(\frac{C_{\mathrm{AL}}-C_{\mathrm{AH}}+C}{C-C_{\mathrm{A}}},\frac{C_{\mathrm{BL}}-C_{\mathrm{BH}}+C}{C-C_{\mathrm{B}}}\right)$$

基于供应商 A 和供应商 B 的复制动态方程，构建供应商 A 和供应商 B 间的系统动力学模型，分析主制造商对不提升零部件质量的供应商的惩罚系数 a 对供应商 A 和供应商 B 策略演化过程的影响。

5.2.2　MATLAB 仿真分析

1. 当初始概率为［0.5 0.5］，分析主制造商的惩罚系数对供应商策略演化过程的影响

其程序为

```
    CAL=12,CAH=92,CBL=10,CBH=88,GA=100;GB=90;a=0;
    CA=a*GA;
    CB=a*GB;
    C=CA+CB;
    set(0,'defaultfigurecolor','w')
    [t,y]=ode45(@ (t,y)
    liangfangxiangxian(t,y,CAL,CAH,CB,CBL,CBH,CA,C),[0 1],[0.5 0.5]);
    points=1:1:length(t);
    figure(1)
    plot(t,y(:,1),'r','linewidth',1.5,'markersize',4,'markerindices',
points);
    grid on
    hold on
    set(gca,'XTick',[0:1:10],'YTick',[-0.2:0.2:1.2])
    axis([0 1 -0.2 1.2])
```

惩罚系数 a 为 0.1 时，程序为

```
    CAL=12,CAH=92,CBL=10,CBH=88,GA=100;GB=90;a=0.1;
    CA=a*GA;
    CB=a*GB;
    C=CA+CB;
    [t,y]=ode45(@ (t,y)
    liangfangxiangxian(t,y,CAL,CAH,CB,CBL,CBH,CA,C),[0 10],[0.5 0.5]);
    points=1:1:length(t);
    plot(t,y(:,1),'g','linewidth',1.5,'markersize',4,'markerindices',
points);
    hold on
    set(gca,'XTick',[0:0.1:1],'YTick',[-0.2:0.2:1.2])
```

其中，演化博弈过程的程序为

```
function dydt=xiangxian(t,y,CAL,CAH,CB,CBL,CBH,CA,C)
        dydt=zeros(2,1);
        dydt(1)=y(1)*(1-y(1))*(CAL-CAH+C-y(2)*(C-CA));
        dydt(2)=y(2)*(1-y(2))*(CBL-CBH+C-y(1)*(C-CB));
end
```

供应商 A 和供应商 B 随机选择初始概率，设零部件质量改进的初始概率为［0.5 0.5］。图 5-10 和图 5-11 给出了惩罚系数对供应商策略演化的影响。在图 5-10 中，当惩罚系数不超过 30%，供应商 A 稳定到均衡状态“0”，即供应商选择不提高零部件质量。随着惩罚系数的减小，演化到均衡状态“0”的速度越快。当惩罚系数为 60%和 90%时，供应商 A 稳定到均衡状态“1”，供应商 A 选择提高零部件质量。随着惩罚系数的增大，稳定到均衡状态“1”的演化时间越短。供应商 B 的演化分析与供应商 A 类似，不同之处在于，当供应商 B 的惩罚系数不超过 60%时，供应商 B 稳定到均衡状态“0”，如图 5-11 所示。

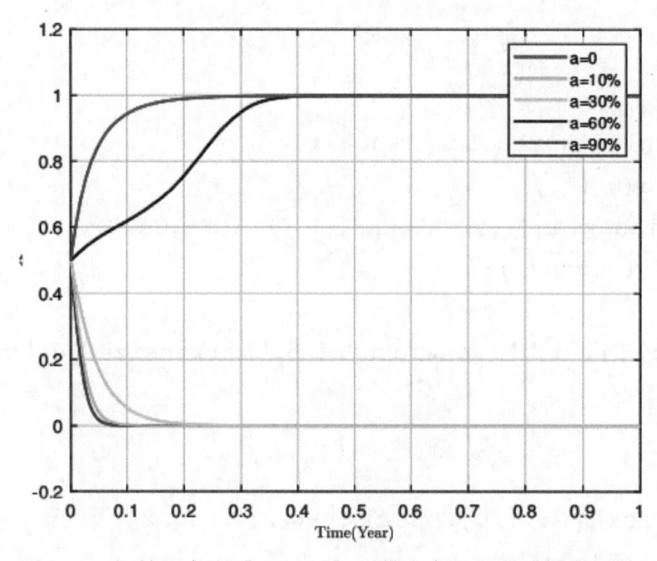

图 5-10　初始概率为［0.5 0.5］时供应商 A 的策略演化过程

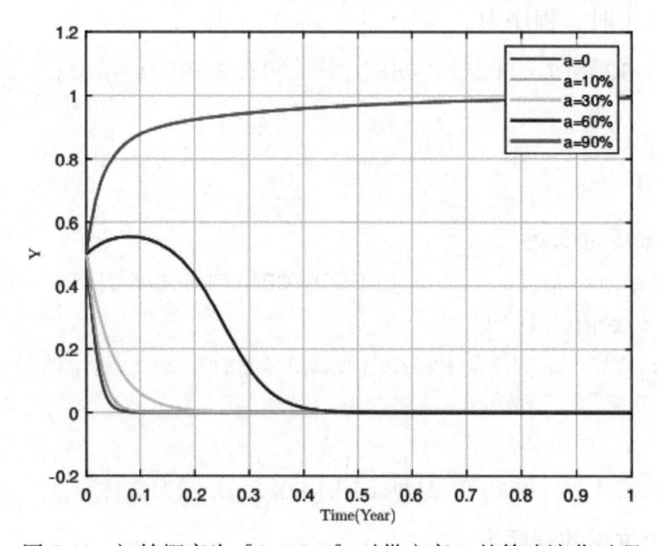

图 5-11　初始概率为［0.5 0.5］时供应商 B 的策略演化过程

2. 当初始概率为［0. 3 0. 5］，分析主制造商的惩罚系数对供应商策略演化过程的影响

当惩罚系数从 0 增加到 90%时，供应商的策略演化过程如图 5-12 和图 5-13 所示。图 5-12 中，随着惩罚系数的增大，供应商 A 到达均衡状态“0”的时间越长，说明供应商 A 倾向于选择不提高零部件质量。图 5-13 中，惩罚系数从 0 增加到 30%时，供应商 B 的策略收敛到均衡状态“0”的速度越慢。惩罚系数从 60%增加到 90%，供应商 B 稳定到均衡状态“1”，供应商 B 倾向于提高零部件质量。因此，提高惩罚系数能够促进供应商选择提高零部件的积极性。

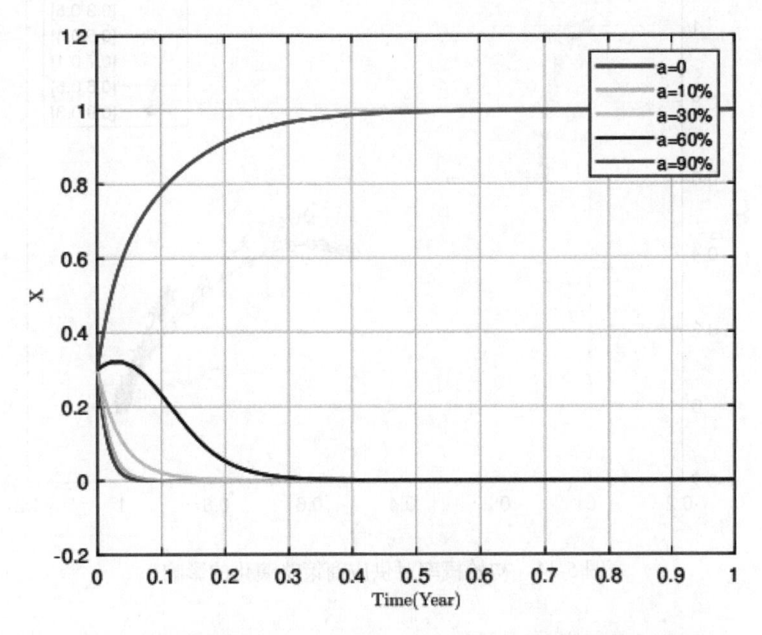

图 5-12　初始概率为［0. 3 0. 5］时供应商 A 的策略演化过程

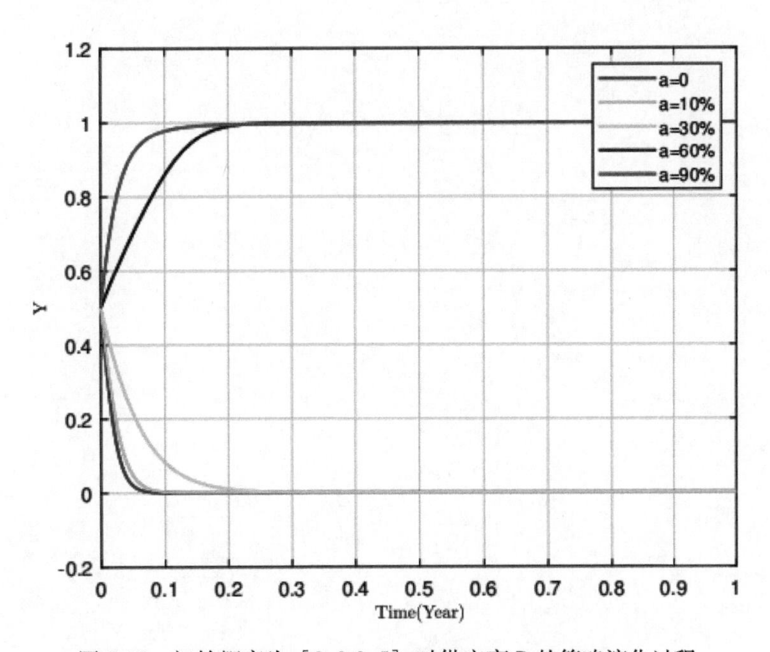

图 5-13　初始概率为［0. 3 0. 5］时供应商 B 的策略演化过程

3. 分析供应商初始概率对策略演化过程的影响

图5-14给出了初始概率对供应商策略演化的影响。当初始概率分别为［0.1 0.6］和［0.3 0.5］时，供应商的策略经演化最终收敛到稳定状态：(不提升零部件质量，提升零部件质量)。当初始概率分别为［0.5 0.4］、［0.7 0.1］、［0.6 0.5］、［0.9 0.3］时，系统收敛到稳定状态［1 0］，即均衡策略为（提升零部件质量，不提升零部件质量）。

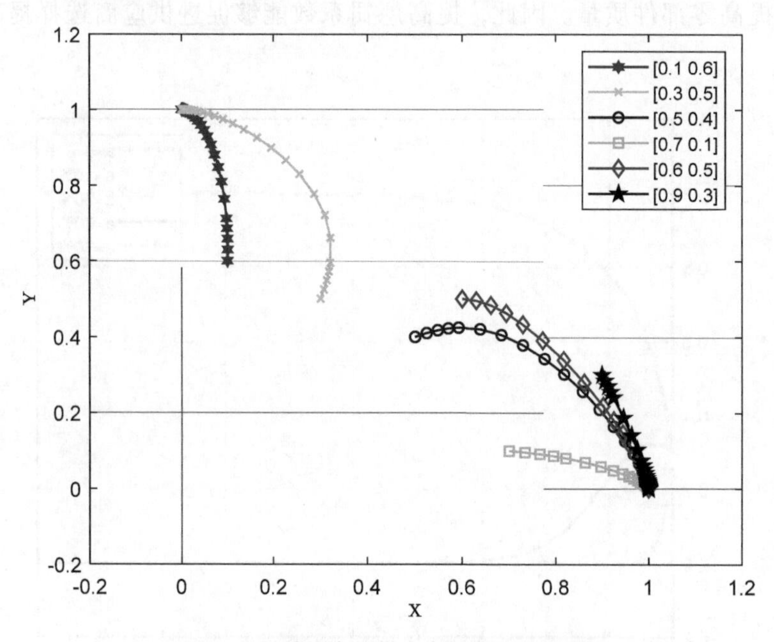

图5-14　初始概率对供应商策略演化的影响

参 考 文 献

[1] 胡寿松，等. 自动控制原理 [M]. 7 版. 北京：科学出版社，2019.

[2] 叶明超，黄海，等. 自动控制原理与系统 [M]. 3 版. 北京：北京理工大学出版社，2019.

[3] 于建均，孙亮，等. 自动控制原理学习指导与习题精解 [M]. 2 版. 北京：北京工业大学出版社，2016.

[4] 赵广元. MATLAB 与控制系统仿真实践 [M]. 3 版. 北京：北京航空航天大学出版社，2016.

[5] 汪宁，郭西进，等. MATLAB 与控制理论实验教程 [M]. 北京：机械工业出版社，2011.

[6] 胡钋，司马莉萍，等. 自动控制理论综合实验教程 [M]. 北京：中国电力出版社，2018.

[7] 刘超，高双. 自动控制原理的 MATLAB 仿真与实践 [M]. 北京：机械工业出版社，2015.

[8] 熊晓君，等. 自动控制原理实验教程（硬件模拟与 MATLAB 仿真）[M]. 北京：机械工业出版社，2020.

[9] 姜增如. 自动控制理论虚拟仿真与实验设计 [M]. 北京：北京理工大学出版社，2020.

[10] 李国勇，程永强，等. 计算机仿真技术与 CAD——基于 MATLAB 的控制系统 [M]. 5 版. 北京：电子工业出版社，2022.

[11] 黄忠霖，黄景. 控制系统 MATLAB 计算及仿真 [M]. 3 版. 北京：国防工业出版社，2016.

[12] 何衍庆，姜捷，江艳君，等. 控制系统分析、设计和应用——MATLAB 语言的应用 [M]. 北京：化学工业出版社，2003.

[13] 杨平，余洁，徐春梅，等. 自动控制原理——实验与实践篇 [M]. 3 版. 北京：中国电力出版社，2019.

[14] 卢京潮，等. 自动控制原理 [M]. 2 版. 西安：西北工业大学出版社，2009.

[15] 郑大钟. 线性系统理论 [M]. 2 版. 北京：清华大学出版社，2002.

[16] 莫锦秋，程长明. 系统建模、分析与控制 [M]. 2 版. 上海：上海交通大学出版社，2022.

[17] 尾形克彦. 控制理论 MATLAB 教程 [M]. 王诗宓，王俊，译. 北京：电子工业出版社，2012.

[18] 侯慧，朱韶华，张清勇，等. 国内外高等学校虚拟仿真实验发展综述 [J]. 电气电子教学学报，2022，44（5）：143-147.